ORCHIDS
OF
BRAZIL

ORQUÍDEAS
DO
BRASIL

Front cover: *Alatiglossum croesus*. Photo by Marcia Morimoto

Published in 2011 by the authors and Associação Orquidófila Piracicabana

www.orchidstudium.com/orchidsofbrazil.html
www.orchidstudium.com/orquideasdobrasil.html

Library of Congress Control Number: 2011930391

Library of Congress Cataloging-in-Publication Data.

Baptista, Dalton Holland, Patricia A. Harding & Americo Docha Neto

Orchids of Brazil – Oncidiinae I/Dalton Holland Baptista, Patricia A. Harding & Americo Docha Neto. 1st. ed. 224p.21x28cm.

Bilingual edition English-Portuguese.

Includes bibliographical references and index.

ISBN-13: 978-0-9836747-0-2

1. Orchids-Identification. 2.Orchids-Classification. I. Title.

2011930391

ORCHIDS OF BRAZIL

ONCIDIINAE - PART 1

Dalton Holland Baptista

Patricia A. Harding

Americo Docha Neto

Baptistonia cuneata

Table of Contents

Orchids of Brazil

Oncidiinae - Part 1

Ornithophora radicans

Acknowledgements

The publication of this book was only possible due to the collaboration of many people, not just we authors. We cite here a few of those who helped but know that many others are not cited due to our weak memories. Please excuse us and realize how important their help has been over the years. Those who have helped us are universally those who want to know more about Brazilian species.

Very importantly, we appreciate the immense encouragement received from Dr. Robinson Viegas dos Reis, a friend of every hour (a Brazilian phrase), who has monitored and discussed the details of this publication from the start. He is the current President of the Association Orquidófila Piracicabana, to whom we owe the financial production of this book in Brazil.

Of no less importance is the participation of faithful friends: generous and dear Marcos Antonio Campacci, fanatic connoisseur of Brazilian species and their habitats, who since 1980 has shared and educated us and fellow orchid enthusiasts. He knows that we will often divide the species differently, and he knows we do this because we know less about the species, despite our argument that we are simplifying things and not trying to discount his work or annoy him. Lucia and Márcia Morimoto, who both have promoted the love of Brazilian orchids by producing seedlings of rare or sensitive species that nobody has seen, much less wants to cultivate. Dr. Maria Rita Cabral, our friend from Rio de Janeiro, to whom combing the world in search of anyone who has an extremely rare plant, one nobody has ever heard of, is an easy task. Luiz Filipe Varela, an expert on orchids of Rio Grande do Sul.

Dalton wishes to thank his parents, Dr. Douglas Pires Baptista, and Evany Holland Baptista. Without their support Dalton would not have had the time to devote himself to orchids and the writing of this book. He thanks his aunt, Dr. Ana Maria Holland Ometto, for her advice and time spent listening to anyone she cares about.

Dalton also thanks all the friends he has made during these 35 years of orquidofilia, who have shared photographs of known species and sometimes strange, unidentified ones. We know that without their help, we would not have gotten to this point.

Patricia would like to thank Rudolf Jenny and Ken Roberts, who have been ever-ready to look for the obscure and sometimes mis-referenced literature sources that are required for these volumes. Patricia would also like to thank Eric Christenson, her friend, for his help with nomenclature rules, and generally being supportive of her efforts over the years. Patricia would also like to thank her father for instilling a love for science and the outdoors and allowing her to pursue her passions.

Americo thanks his wife Maria de Fátima Docha for her understanding and support, his children Flávio Alberti Docha and Regina Alberti Docha, and his parents Imre Docha Jr. and Irene Docha. He also thanks all those collaborators who have advised him over the years.

***

A publicação deste livro só foi possível devido à colaboração de muitas pessoas. Citaremos aqui algumas das que mais se fizeram presentes, mas sabemos que muitos outros, não citados devido à nossa fraca memória, vão desculpar-nos pois sabem quão importante foi sua ajuda. Como nós, também eles desejam conhecer melhor nossas espécies.

Importíssimo tem sido o incentivo imenso recebido do Dr. Robinson Viegas dos Reis, amigo de todas as horas, que tem acompanhado e discutido os detalhes desta publicação desde o início. Ele é o atual Presidente da Associação Orquidófila Piracicabana, a quem devemos a publicação deste livro no Brasil.

Não menos importante é a participação de amigos fiéis, muito generosos e queridos como: Marcos Antonio Campacci, fanático conhecedor das espécies brasileiras e seus hábitats, que desde 1980 tem nos ensinado. Ele sabe que, se muitas vezes dividimos as espécies de maneira diferente, fazemos isto porque conhecemos menos e simplificamos demais as coisas. Lúcia e Márcia Morimoto, que tanto têm realizado pela orquidofilia brasileira ao produzir mudas de espécies raras ou minúsculas que ninguém enxerga e muito menos quer cultivar. Drª. Maria Rita Cabral, amiga do Rio de Janeiro, para quem revirar o mundo em busca do detentor de uma espécie rara, da qual alguém jamais ouviu falar, é tarefa de poucos minutos. Luiz Filipe Varella, especialista em orquídeas do Rio Grande do Sul.

Dalton agradece a seus pais, Dr. Douglas Pires Baptista, e Evany Holland Baptista, sem o apoio dos quais não teria tido o tempo necessaário para se dedicar às orquídeas e escrever este livro. E também à sua tia, Drª. Ana Maria Holland Ometto, pelos seus conselhos e dedicação àqueles que lhe são caros.

Dalton agradece ainda a todos os amigos que fez durante estes 35 anos de orquidofilia, que sempre têm mostrado plantas e fotografias de plantas esquisitas não identificadas. Sabemos que sem sua ajuda, não teriamos chegado aqui.

Patricia agradece a Rudolf Jenny e Ken Roberts, que sempre estiveram prontos a procurar por obscuras e, algumas vezes, mal referenciadas publicações requeridas para este volume. Patricia gostaria de agradecer a Eric Christenson, seu amigo, por sua ajuda com regras de nomenclatura, e apenas pelo encorajamento ao longo dos anos. Patricia gostaria de agradecer também a seu pai por instigar seu amor pela ciência e vida ao ar livre, e por permitir a ela que seguisse suas paixões.

Americo agradece à sua esposa Maria de Fátima Docha pela compreensão e apoio, aos seus filhos Flávio Alberti Docha e Regina Alberti Docha, aos seus pais Imre Docha Jr. e Irene Docha e a todos os colaboradores que o têm aconselhado ao longo dos anos.

Dalton Holland Baptista
Patricia A. Harding
Americo Docha Neto

Introduction to the series

You are now reading the beginning of a series that will cover naturally occurring species of orchids found in Brasil. We intend this to be a multivolume set, each set containing closely related genera or branches of the orchid family. With each set, we will discuss every species that would be included in that branch that have been reported to be in Brazil. We intend to have a set of pictures of as many as possible of each species contained in each volume.

We are only covering Brazilian species. We will list synonyms we are aware of, but as our knowledge of the species in other countries is limited, we will not presume to have covered all synonymies. We will not cover hybrids, natural or otherwise, though we will discuss natural hybrids that have been described as species at one time.

This book is intended to help the student of orchids who wants to expand his knowledge of the range of species in various genera and families, but will also aide those who are hobby growers in identifying their plant so they can more properly care for them and also in educating them about other species they may find interesting.

Due to space constraints, we cannot include everything. We will, with each family, try to direct the hobby grower to other references that may aide them in cultural advice, but, as there are many, many references both in books and online, we feel dedicating space within our text will only increase the cost and size of the book and this negative aspect would outweigh any added worth to the book if we included these aspects.

The exact number of species that exist in Brazil is at present uncertain. When we are finished with these volumes, we could have a more precise count, but at the beginning we estimate somewhere from 2000 to 2400 species, with about 100 naturally occurring hybrids. These species are represented by approximately 270 genera, more or less, depending on the classification system one adopts.

Many of the difficulties one has with any list of Brazilian orchids is that there are many species that were poorly described, several that the country of origin is uncertain, and others whose distribution is based on reports where identification is questionable. Our intent is to clean this list as much as possible.

Brazil is rather deficient in publications that extensively cover the Brazilian orchids. The first was the French publication by Barbosa Rodrigues *Genera et Species Orchidacearum Novarum*, 1877-1882. Later there was Cogniaux in 1902 with his *Flora Brasiliensis.* Both these works are still useful today because of their detailed drawings and descriptions, but are limited to species that were published. Hoehne produced *Flora Brasilica* in the 1940s and 1950s, but it covers only half of the Brazilian species known at the time. In 1975-1978, Pabst & Dungs published

Orchidaceae Brasilienses, a two volume set, which has only drawings of the sepals, petals, and lip, not the whole flower, there are no descriptions, and it is out of print now.

Since the above volumes have come out, multiple new species have been described and work has been done which has changed the way orchids are classified. Classification currently is based primarily on phylogeny. A phylogenetic classification is a system that is based on the genetic relationships that species have as opposed to a classification based on grouping of like physical characteristics or morphology. A phylogenetic system is based on one theoretical primitive orchid species from which all orchid species have evolved, and from this original one species, one should be able to develop a 'family tree', so to speak, of all orchid species.

Those working in this field of phylogeny of Orchids are few, but they have been busy testing plant tissue from all over the world and publishing their results. The results have, at times, revealed previously unconsidered and interesting relationships. They have settled long-debated relationships and created even more divisive ones, sometimes within the same genus. As the dust settles, the correct answers emerge, in theory, but the reality is that the dust is long from settling.

As a whole, the results of the phylogenic testing are not in dispute, only the interpretations of the results. The results don't as yet tell us what a genus is, where one genus begins and another leaves off. They don´t even tell us what a species is, and they certainly do not tell us what a family, tribe, subtribe, and sub-genus is. These divisions are made by men and how one man looks at something is quiet often not how another looks at it. Hence wars - large and small. Taxonomy is one such war, on a gentler scale at most times, but still a war with fronts and sides.

Every taxonomist has his own criteria of where to draw the lines. These volumes will use our criteria which we do not feel are extreme and we certainly do feel are supported by evidence both phylogenically and morphologically. We also feel our criteria of where to divide things is useful as communication and classification tools. Our goal is to provide a key to every species of orchid in Brazil. To do that, we have to classify the species in defined groups with definite limits or boundaries to the set of species we include in each group. In no case do we go against the phylogenetic data results, we just draw the lines in different places. We will explain our thinking and give all synonyms so you can use the classification you choose.

We both agree that there have been too many species that are described based on minimal differences, and sometimes no differences we can see. A definition of species does not require every specimen to be identical, every petal exactly the same shape, and every color band in the same position. Species are variable in morphology in nature as a way of ensuring their means to change and adapt to various environmental conditions. If this variability were not present, the first primitive orchid would look the same today as it did many thousands of years ago.

To understand why a taxonomist would describe a species with minimal changes as a new species, one needs to understand some points. Most orchid species occur in sparse and dispersed populations. When you find an orchid in the wild it may be the only orchid of its kind for some distance. It is not likely you can find three of four, or preferably more, to compare to determine the actual variability of the species. So, not wanting the record to be lost, it is published.

Unfortunately no one wants to just publish a picture, the editors want new species. It's only after a number of these new species are 'on the books' can one stand back and look at them all and realize the pattern.

One could make an argument that some of these variable species could be species complexes. A species complex is a group of closely related species, where the exact demarcation between species is often unclear or cryptic owing to their recent and usually still incomplete reproductive isolation. Though we agree this phenomenon exists, the cases we saw while preparing this volume seemed to be taxonomists complexes instead.

Many species have published varieties in their records. A variety in botanical terms is a population in the wild that varies from the normal population in a minor way. Our intent in this volume is not to add to these records by making new varieties. Please, if we err and talk about a variety of a species having certain traits, we are not attempting to create a botanic variety but are referring to a small population or perhaps even one plant that simply varies from what is considered to be the standard form.

In these volumes we will lump together previously described species if we can´t see enough difference to keep them separate or we can see a continuum of intermediate forms between the extremes of previously separate species. Please trust that we do this with great consideration. We are careful to look at the column and the callus/lip arrangement, and we use that arrangement as criteria to separate or combine species. Our thoughts are that this is the area of the flower that is critical for reproduction. The showy petals, fused sepals, and the perfume are only attractants, and are not critical in the actual mechanism of reproduction and/or speciation. If there is no difference we can see in this critical area, all other things being more or less the same, we will combine them. This way of thinking is in no way written in stone as our creed but more a guideline to help us decide how to make a useful classification of the 2400 species we will have to deal with. As with the genera, also with the species, we will include the names of the synonyms, and you are welcome to make your own conclusions.

The layout of this volume will be like it is for future volumes. We will try follow the phylogeny of the major groups. In this volume we will be covering a portion of Oncidiinae and we will follow the groups as they fall on the cladogram in *Genera Orchidacearum 5*. It shows the *Trichopilia* group braches off first, and much latter down the line the *Gomesa* group branches off. Once one enters the text of the group, however, we will present the genera and their species in alphabetical order.

***

Você está lendo o início de uma série que cobrirá as espécies naturais de orquídeas encontradas no Brasil. Pretendemos que esta seja uma série com diversos volumes, cada um contendo gêneros próximos ou ramificações da família das orquídeas. Em cada volume discutiremos todas as espécies pertencentes àqueles gêneros, que tenham sido reportadas para o Brasil. Sempre que possível, pretendemos apresentar um conjunto de fotos representativo de cada espécie incluída no volume.

Cobrimos apenas espécies brasileiras. Relacionaremos os sinônimos que conhecemos mas, como nosso conhecimento das espécies de outros países é limitado, não presumimos estarem todos os sinônimos cobertos. Não tratamos de híbridos, naturais ou artificiais, entretanto ocasionalmente discutiremos híbridos naturais que tenham sido descritos como espécies.

Pretende-se que este livro ajude tanto ao estudante de orquídeas que quer expandir seus conhecimentos sobre a amplitude das espécies brasileiras e dos vários gêneros e tribos, bem como permita aos orquidófilos identificarem suas plantas de modo que possam cultivá-las melhor, além de apresentar outras espécies que possam achar interessantes.

Devido à limitação de espaço, podemos incluir apenas certa quantidade de informações, de modo que não incluiremos conselhos culturais, mesmo porque o ambiente de cultivo de cada um varia muito.

Presentemente é incerto o número exato de espécies existentes no Brasil Quando terminarmos estes volumes, teremos idéia mais exata, contudo, no momento em que iniciamos este trabalho, contam-se cerca de 2400 espécies, além de cerca de 100 híbridos naturais. Estas espécies encontram-se divididas por aproximadamente 270 gêneros, dependendo do sistema de classificação adotado.

Muitas das dificuldades encontradas por quem pretende organizar uma lista das espécies do Brasil decorrem do fato de que há muitas espécies cuja descrição é precária, diversas espécies atribuídas ao Brasil quando na verdade seus países de origem são incertos, ou registros de distribuição baseados em relatos com identificação questionável. Nossa intenção é simplicar esta lista tanto quanto possível.

O Brasil é bastante deficiente em publicações que tratem extensivamente suas orquídeas. Uma das primeiras publicações que temos foi *Genera et Species Orchidacearum Novarum*. Escrito, em francês, por Barbosa Rodrigues, entre 1877 e 1882, o qual apenas aborda espécies então recém-descobertas, mas poucas espécies publicadas antes, por outros autores. Mais tarde surgiu o *Flora Brasiliensis*. Os capítulos referentes às orquídeas foram escritos por Cogniaux, até 1902, em latim. Ambos ainda são muito úteis hoje devido às suas descrições e desenhos detalhados, contudo, naturalmente, são limitados às espécies conhecidas na época. Hoehne apresentou seus volumes do *Flora Brasílica* durante os anos 1940 e 50. Infelizmente eles cobrem apenas cerca de metade dos gêneros conhecidos na época. Foi o primeiro a ser publicado em português. Entre 1975 e 1978, Pabst & Dungs publicaram o *Orchidaceae Brasilienses*, em dois volumes, os quais trazem apenas desenhos simples dos segmentos florais, não a flor completa, e umas poucas ilustrações coloridas; não há descrições e encontra-se fora dos catálogos.

Desde então, muitas espécies foram descobertas e bastante pesquisa aconteceu, a qual mudou a maneira como encaramos as orquídeas e sua classificação. Hoje a classificação é baseada primariamente na filogenia. Classificação filogenética é um sistema baseado nos relacionamentos genéticos das espécies, em oposição à classificação baseada apenas no agrupamento de espécies de morfologias similares. O sistema filogenético é baseado na teoria da existência de uma orquídea ancestral primitiva da qual todas as espécies evoluiram e a partir da qual somos capazes de desenvolver, por assim dizer, a árvore genealógica de todas as orquídeas existentes. O desenho dessa árvore genealógica, com seus membros mais próximos agrupados é chamado cladograma.

Aqueles trabalhando no campo filogenético são poucos, mas têm estado muito ocupados testando tecidos vegetais do mundo todo, e publicando seus resultados. Os resultados, por vezes, revelaram relacionamentos interessantes previamente insuspeitos; comprovaram relacionamentos longamente debatidos e, outras vezes, descobriram que espécies por todos consideradas próximas, nada têm em comum. Enquanto baixa a poeira, as respostas corretas emergem - em teoria. A verdade é que a poeira está longe de assentar.

Como um todo, os resultados dos testes filogenéticos não estão em disputa, apenas a interpretação dos resultados é que está. Estes resultados ainda não nos informam o que é um gênero, onde começa e termina; não nos esclarecem o que uma espécie é e, certamente, não nos contam o que é uma família, tribo, subtribo ou subgênero. Esta divisões são artificiais, criadas pelo homem, e a maneira que cada pessoa encara um assunto, frequentemente, não é a mesma. Esta é a razão pela qual temos guerras, grandes e pequenas. Taxonomia é uma guerra, em escala cavalheiresca na maior parte do tempo, mas ainda assim uma guerra, com frentes de batalha e facções.

Cada taxonomista tem seus próprios critérios de onde passar as linhas, dividir. Nestes volumes utilizaremos o nosso, um sistema que não consideramos extremo e que, certamente, julgamos atender a ambos, evidência filogenética e morfologia. Também acreditamos que nosso critério de divisão das espécies e gêneros é uma útil ferramenta, tanto em termos de classificação, como de comunicação. Nosso objetivo é desenvolver uma chave de classificação para cada espécie do Brasil. Para isto, classificamos as espécies em grupos definidos, com limites definidos. Em caso algum vamos contra os resultados filogenéticos e suas regras. Apenas passamos as linhas em locais diferentes. Sempre explicamos as razões e fornecemos todos os sinônimos, de modo que você pode adotar a classificação que considerar melhor.

Ambos concordamos que há espécies demais descritas com base em diferenças mínimas, e algumas vezes nenhuma, que possamos encontrar. Para alguns, pertencer a uma espécie requer que cada espécime seja idêntico, com cada pétala exatamente do mesmo formato, cada sépala do mesmo tamanho, cada verruga com as mesmas protuberâncias, cada pinta na mesma posição. Espécies são naturalmente variáveis em morfologia como meio de assegurar sua necessidade de mudanças e adaptação às várias condições ambientais. Se esta variabilidade não estivesse presente, a primeira orquídea primitiva ainda teria exatamente a mesma aparência que teve muitos milhares de anos atrás.

Para entender porque um taxonomista descreve um espécime com diferenças mínimas como nova espécie, é necessário ter em mente alguns detalhes. A maior parte das espécies ocorre em populações esparsas e dispersas. Quando você encontra uma orquídea na natureza, pode acontecer que seja a única de seu tipo em distância considerável. Nem sempre há três ou quatro outras por perto, ou preferencialmente mais, para que possamos comparar e determinar a variabilidade deste grupo. Assim, não querendo que este registro se perca, ele é publicado. Infelizmente ninguém quer publicar somente uma foto, os editores querem espécies novas. Somente depois que um número considerável de plantas dessa nova espécie esteja representado em publicações ou tenha sido visto pessoalmente, é que alguém pode verificar seu padrão de variabilidade.

Alguém pode argumentar que algumas dessas espécies variáveis podem ser *complexos de espécies*. Um complexo de espécies é um grupo de espécies proximamente relacionadas, cujos limites frequentemente não são claros devido ao seu recente isolamento reprodutivo, ainda incompleto. A despeito de concordarmos com a existência deste fenômeno, os casos que vemos neste livro, ao contrário, parecem-se mais com *complexos de taxonomistas*.

De muitas espécies há variedades publicadas. Em termos botânicos, uma variedade é uma população natural que apresenta pequenas diferenças das populações típicas. Nossa intenção neste volume, não é acrescentar novas variedades às já descritas. Assim, se errarmos e referirmo-nos a uma *variedade* com certas características em particular, não estamos pretendendo criar uma variedade botânica, mas apenas fazendo uma menção coloquial a uma pequena população, ou mesmo a uma planta simplesmente diferente do que seria considerado o padrão da espécie.

Neste volume juntaremos todas as espécies que não apresentam diferenças suficientes para estarem separadas ou cuja variabilidade, apesar de grande, é contínua, com muitas intermediárias. Acredite que fazemos isto com grande consideração. Em todos os casos tomamos o cuidado de examinar atentamente o arranjo de suas estruturas reprodutivas, trato que consideramos entre os mais importantes critérios de separação ou combinação das espécies. Seguramente esta é uma área crítica para a reprodução das plantas. Pétalas vistosas, sépalas fundidas, e mesmo o perfume, servem como atrativos, mas não são condicionantes ao mecanismo de reprodução e ou especiação. Quando não há diferença nesta área crítica, todas as outras informações sendo mais ou menos as mesmas, combinamos as espécies. Esta maneira de proceder não está, de modo algum, escrita na pedra de nossas crenças, mas serve principalmente como guia para ajudar-nos a resolver como fazer uma classificação viável das 2400 espécies com as quais temos que trabalhar. Lembramos novamente que, como com os gêneros, também para cada espécie trazemos os sinônimos, de modo que você é bem-vindo a tirar suas próprias conclusões.

A estrutura deste livro provavelmente será a mesma nos volumes futuros. Tentaremos seguir a filogenia dos grupos maiores. Neste volume cobrimos parte de Oncidiinae. Seguimos os grupos aproximadamente como aparecem no cladograma do *Genera Orchidacearum 5*. Este apresenta o grupo *Trichopilia* logo no início do cladograma e bem depois o grupo *Gomesa,* ali clado J, do qual trazemos apenas parte dos gêneros neste volume. Para facilitar a leitura, dentro de cada grupo, apresentamos os gêneros e espécies em ordem alfabética e não filogenética.

Brazil

Brazil has six major ecosystems or, to be more specific, biomes. Four of them cover almost the entire land-area of the country, and the other two are areas that border other countries. In each of the major biomes there are different types of vegetation corresponding to the climactic and geographical conditions of each area. Most orchid species in Brazil have poorly recorded collection-site data, so that currently, there are no up to date lists of the species that can be found in each biome. The major biomes are:

Amazon Rainforest (Floresta Amazônica): occupies the northwestern half of Brazil, where the climate is hot and humid. It is characterized by having large trees forming dense woods. The major vegetation types are forests outside flood planes, wetland forests and fields in flood plains with annual flooding, savannahs (flat grasslands of tropical or subtropical regions), and high altitude vegetation almost exclusively in northern Roraima. The Amazon region, being equatorial, varies in temperature very little throughout the year and even the differential from day to night is small. The average annual temperature is 27°C (81°F). In this region there is abundant rainfall from the beginning of Brazilian spring (October and November), with only occasional rainfall the rest of the year. The average rainfall is heavy, exceeding three meters in the wettest areas. The Amazon rainforest biome is very flat and presents little hindrance to the distribution of species of orchids and most orchid species found here have a wide distribution. As only a few studies have been done of the orchids of the area, especially the remote areas, there is the potential for new finds in the future. In northern Roraima, due to the higher elevation, there are many species that exist nowhere else in the country. It is believed that the Amazon rainforest biome has the second highest number of species of orchids in Brazil.

Caatinga: occupies almost one-tenth of the territory of the country, in the northeast region of Brazil, where the climate is hot and dry or semi-arid. Precipitation is irregular, with at least eight months of with little to no precipitation, resulting in an average annual rainfall of less than 80 cm. Most rivers in this region dry up or markedly reduce in size during the winter (July to September). The average annual temperature is around 27°C (81°F). Its vegetation consists of dry brushes and trees with medium to small gnarled and often spiny branches and many species of cacti. The presence of orchids is very limited in this area; most occur in transition areas toward the Amazon rain-forest in the cocoa forests and where the humidity is higher.

Cerrado: occupies almost one-quarter of the country, the central area. Most of the land in this area is between 300 and 600 meters in elevation and only 5% of the land is more than 900 meters in elevation. The average annual temperature occurs almost all year and is around 23°C (74°F), however, in winter (July to September) the temperatures vary more between day and night, and may reach a maximum of 40°C (104°F) and minimum of 0°C (32°F). The average annual rainfall is 150 cm but with prolonged drought during the winter months, often lasting three to five months, with some months having no measureable precipitation. In these areas the plants depend on evening and morning condensation in the form of fogs or mists so they won't desiccate, as the soil is dry. The vegetation is typical savannah, with plenty of grasses and shrubs and occasional forests along the riverbanks. The vegetation in this area usually has long roots, as surface water is scarce. It is estimated that one-third of the species of Brazilian orchids come from this biome. It is also the region of *Campos Rupestres* where most of the lithophytic orchid species of Brazil come from.

Atlantic Forest (Mata Atlântica): occupies about one-seventh of the country, extending along the entire the east coast of Brazil, extending inland in Santa Catarina and Paraná, but excluding the southernmost portion of Brazil. This biome is influenced by the humid winds blowing in from the Atlantic Ocean. Rain is present throughout the year, with a little more average daily precipitation in summer (January to February) than in winter (August to September). The elevation of the region varies from sea level up to 2800 meters and climates vary with the elevation. As altitude increases along the mountain chains the rainfall and cloudiness also increases and the temperatures lower. The average annual temperature on the coast is 22ºC (72°F), at 2000 meters in elevation the average temperature is 11ºC (51°F), and at the tops of the mountain chain temperatures can drop to 0°C (32°F), with an average around 7°C (45°F). The average annual rainfall on the coast is 160 cm, but varies up to 250 cm rainfall on the coast of São Paulo, and only 120 cm rainfall in parts of the coast of Rio de Janeiro. The average rainfall in the mountains is 260 cm, but this increases so that higher in the mountains rainfall can be up to 360 cm per year. Its vegetation is varied but famous for its dense forests with medium-sized trees. In the states of Paraná and Santa Catarina, which have sub-tropical climates, the vegetation is known as Araucaria Forest, a semi-deciduous forest with Araucária trees. The Atlantic forest is bounded by the Serra-do-mar, a mountain range of varying elevations, which constitutes a natural barrier to the spread of orchid species. Despite this barrier, the species diversity here is amazing. It is the biome with the greatest number of orchid species in Brazil, concentrating in an area stretching from southern Bahia to south of São Paulo.

Pampa: occupying just over half the state of Rio Grande do Sul, is characterized by vegetation composed of a few shrubs, grasses and many herbaceous plants. The elevation varies between 500 and 800 meters. The average annual temperature is 19°C (66°F), and the seasons are well marked by changes in the temperature and rainfall. The average temperature in January is 24°C (76°F) and in July is 7°C (45°F). Here the rainfall is concentrated during the winter. The annual average rainfall is 120 cm. Few orchid species are found in this biome and most are terrestrial species.

Pantanal: occupies less than one-fifth of the area of the country, the region is a marshy plain which borders Paraguay. The elevation is between 80 and 150 meters. Here summer (December to March) is rainy and winter (July and August) is dry. It rains more or less 100 days per year with an average rainfall of 120 cm. The average annual temperature is 25°C (77°F), with a minimum temperature of 10°C (50°F) for a few days in winter. The area is occupied by small trees with the occasional large tree sticking above the landscape. The rest is shrubs, palms, and grasses. The information on orchid species in this area is very limited.

In the text to follow we will give the distribution of the various species based on which Brazilian state they have been recorded as having collection data or otherwise reported. We will use the abbreviation of the Brazilian state and a key to the states and the location of the states is here.

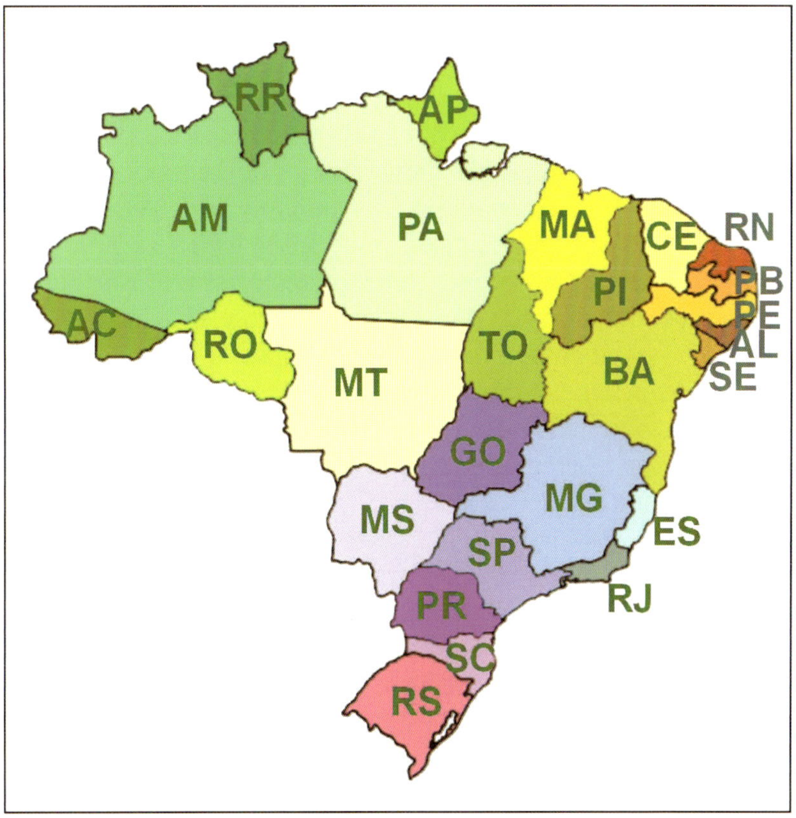

AC	Acre
AL	Alagoas
AM	Amazonas
AP	Amapá
BA	Bahia
CE	Ceará
ES	Espírito Santo
GO	Goiás
MA	Maranhão
MG	Minas Gerais
MS	Mato Grosso do Sul
MT	Mato Grosso
PA	Pará
PB	Paraíba
PE	Pernambuco
PI	Piauí
PR	Paraná
RJ	Rio de Janeiro
RN	Rio Grande do Norte
RO	Rondônia
RR	Roraima
RS	Rio Grande do Sul
SC	Santa Catarina
SE	Sergipe
SP	São Paulo
TO	Tocantins

***

A superfície brasileira é coberta por seis grupos de ecossistemas, ou para ser mais específico, biomas. Quatro deles cobrem quase toda a área do país. Em cada um dos biomas grandes existem diferentes tipos de vegetação conforme as condições geográficas e climáticas de cada área. Apesar da maioria dos registros de ocorrência das espécies de orquídeas relatarem o local de coleta original, até hoje não existe uma relação atualizada das espécies encontradas em cada bioma ou estado. Os biomas brasileiros são:

Floresta Amazônica: ocupa a metade noroeste do território brasileiro, onde o clima é quente e úmido. Caracteriza-se por apresentar árvores de grande porte formando mata fechada. As formações vegetais mais comuns são a mata de terra firme, em áreas que nunca são inundadas; florestas de igapó, às margens dos rios, anualmente inundadas; campos alagados; savanas; e vegetação de altitude, esta quase só no norte de Roraima. Por ser uma região equatorial, a temperatura na amazônia varia pouco ao longo do ano, e mesmo entre o dia e a noite. A média de temperatura anual é cerca de 27ºC. Trata-se de região de chuvas abundantes desde o início da primavera até o início do outono e chuvas ocasionais no restante do ano. A média de chuvas anuais pode ultrapassar os 3000 mm nas áreas mais úmidas. Como a maior parte de sua área é uma planície, sem obstáculos à proliferação das orquídeas, a diversidade não é tão grande quanto se poderia imaginar. A maioria das espécies ocorre em áreas imensas, no entanto, como ainda poucos estudos da flora orquidácea aconteceram na maior parte da área, é possível que muitas espécies ainda estejam por serem descobertas. No norte de Roraima, devido à altitude, há muitas espécies de orquídeas que não existem em nenhum outro local do país. Acredita-se que a Floresta Amazônica seja o segundo bioma em quantidade de espécies de orquídeas no Brasil.

Caatinga: ocupa quase um décimo do território do país, principalmente no interior da região nordeste, onde o clima é quente e seco, ou semi-árido. A média pluviométrica anual é inferior aos 800 mm, com chuvas irregulares e pelo menos oito meses quase secos. A maioria dos rios seca durante o inverno. A média de temperaturas anuais também está por volta de 27ºC. Sua vegetação é composta por arbustos secos, médios e pequenos de galhos retorcidos e muitas espécies de cactos. A presença de orquídeas é muito limitada nesta área, a maioria ocorre nas áreas de transição com a Floresta Amazônica onde se encontram as matas de cocais e a úmidade é maior.

Cerrado: ocupa quase um quarto do território do país, na área central. A vegetação é típica de savanas, com abundância de gramíneas e arbustos, e florestas ocasionais às margens dos rios. A vegetação desta área costuma ter raízes longas. Quase toda esta área está localizada entre 300 e 600 metros de altitude e apenas 5% ultrapassa os 900 metros. A temperatura média anual fica em torno de 23ºC por quase todo o ano, porém no inverno as temperaturas variam bastante entre o dia e a noite, podendo chegar a 40º de temperatura máxima e 0º de mínima. A precipitação média anual é de 1.500 mm, mas com seca prolongada durante o inverno, por três a cinco meses. Em alguns meses a precipitação pode ser zero. Neste período é comum a ocorrência de nevoeiros umidecendo o solo pela manhã, e tardes muito secas. Estima-se que este seja o bioma que ocupe o terceiro lugar em quantidade de orquídeas. Neste bioma, nos Campos Rupestres, comuns nas altitudes mais elevadas, ocorrem grande parte das espécies rupícolas de orquídeas do Brasil.

Mata Atlântica: ocupa cerca de um sétimo território do país, espalhada por todo o litoral leste, exceto a porção mais ao sul, e ocupa também quase todo o território do Paraná e Santa Catarina. Este bioma ocorre na presença dos ventos úmidos que sopram do Oceano Atlântico. Apresentam chuvas constantes ao longo do ano, um pouco mais no verão que no inverno. A altitude varia desde o nível do mar até 2.800 metros e seu clima muda conforme a altitude. Conforme a altitude aumenta ao longo da cadeia de montanhas, aumenta também a ocorrência de chuvas e nebulosidade, e baixa a temperatura. A temperatura média anual na costa é de 22ºC e a 2.000 metros de altitude, de 11ºC, pode chegar a média 7ºC nas áreas próximas ao topo das cadeias montanhosas. A média anual de chuvas na costa é de 1.600 mm, porém varia entre 2.500 no litoral norte de São Paulo, e apenas 1.200 em partes da costa do Rio de Janeiro. A média de chuvas nas montanhas é de 2.600 mm e no alto das montanhas até 3.600 mm. Sua vegetação é bastante variada constituindo-se maioritariamente por floresta densa com árvores de porte médio. Nos Estados do Paraná e Santa Catarina, de clima sub-tropical, a vegetação mais comum é a Mata de Araucárias. Em função da Serra do Mar que, por suas altitudes variadas, constitui-se em anteparo natural à disseminação das espécies de orquídeas, a diversidade de espécies aqui é bastante grande. É o bioma com maior número de espécies no país, cuja maior diversidade acontece na área que vai do sul da Bahia ao sul de São Paulo.

Pampa: ocupando pouco mais de metade do Estado do Rio Grande do Sul, caracteriza-se por vegetação composta de alguns arbustos e muitas gramíneas e ervas campestres. Sua altitude varia entre 500 e 800 metros. A temperatura média anual é de 19ºC, e as estações do ano são bem marcadas. A média de temperatura em janeiro é de 24ºC e em julho de 7ºC. Aqui as chuvas concentram-se no inverno. A média pluviométrica anual é de 1.200 mm. Poucas são as orquídeas existentes neste bioma e, na maioria, espécies terrestres.

Pantanal: ocupa menos de um quinquagésimo da área do país, na região alagadiça da planície que faz fronteira com o Paraguai, entre 80 e 150 metros de altitude. Aqui o verão é chuvoso e o inverno seco com chuvas em, mais ou menos, cem dias por ano e média pluviométrica de 1.200 mm. A média anual de temperatura é de 25ºC, com temperatura mínima de 10ºC em poucos dias do inverno. Maiormente ocupado por árvores pequenas, ocasionalmente grandes, arbustos, palmeiras e gramíneas. As informações sobre as espécies de orquídeas desta área são limitadas.

Coppensia varicos

The Orchids

Orchids constitute one of the largest families of flowering plants. It is estimated there are 25,400 species in the world, divided into 1000 genera. The morphological variations of orchid species are enormous, from those a few millimeters in size to plants several meters broad, with tiny flowers to flowers the size of your outstretched hand, with a pleasant fragrance to extremely foul smelling, and growing from below the ground their entire life to the top of the tree canopy. There are orchids on every continent except Antarctica, in deserts to swamps, from humid, hot, forest to frozen tundra.

Orchids have been on the European scene since man arrived, actually long before man arrived. With the arrival of exotic plants collected in the Americas, Africa, and Asia, a system to organize the large numbers of species into a system of identification was conceived; the binomial system.

The original system was based on the physical appearance of the plants, grouping together those with similar morphologies. This morphological system did not concern itself with whether the plants in the group were genetic related to each other, just whether they shared the same characteristics. Hence, the genus name *Cymbidium* was used for plants from both Asia and South America, and it was so for many genera. This was not a big problem while there were only a few species but as more and more arrived into the system, changes to the initial concepts were necessary.

Eventually someone decided that the plants in a group should be related. Odd as it may seem, there is no rule that classification must follow phylogeny, just a general agreement that it makes sense to have it this way. Till the 1990´s, for someone to say one orchid plant was related to another was merely a guess. Before then there had been chemical analysis, perfume analysis, breeding capabilities - all tried as ways to separate and segregate species, without consistent results. Then in the 1990´s came the analysis of portions of a plants DNA genome, and the usage of those results to confirm or establish the degree of relationship one species has with another species, and one group of species has with another group of species.

With the arrival of this testing of a portion of the DNA of a species, arrived the cladograms, a sort of family tree, of orchid groups, showing which species are related to which species, and which species are not so closely related. Now taxonomists have a tool to add concrete measureable evidence to what one could see as visible characteristics a species and group of species possessed.

So, this should clear things up nicely! What has happened, and this is our opinion, is that those doing the testing forgot to add the visible morphological characteristics to their evaluations of the relationships of groups of species.

It is hoped that one day all species will be settled, all synonyms will be agreed upon, things will nice and neat, one could learn the name of a plant one time and be done with the process. That day has not yet arrived.

Taxonomy is a communication tool, the plants don't care. It is a means for one person to convey information to another person. As with all communication, it all falls apart unless one uses common language and formats. Agreement on the formats is what is lacking, resolution does not seem possible in the near future, and the truth is that total concord may never occur.

The most common communication tool - the orchid name, when it is formally written - has a lot of information in it that may not be obvious at first. The first two parts of the name are the genus and the species, written in Latin, with correct gender agreement. The Latin name is italicized just as you would italicize German language words in an English text. After the two Latin names comes the name of person who wrote the original description and this is followed by the date the description was published. With this short amount of information one can with certainty know to which species one is referring, and one can find the original information or description and know that it is referencing one particular plant specimen in a herbarium somewhere. Sometimes the first author's name is in parentheses with a second author's name after it. This is done when the second author moves the species to another taxonomic group, and publishes the move. It is followed by the year that this move was done.

This naming system follows well defined rules of how the whole process can proceed. The International Code of Botanical Nomenclature, also known as the Vienna Code, is the set of rules for the formal botanical names that are given to plants. It has been conceived with the intent to make sure that each group of plants, taxon, has only one correct name that identifies that taxon and is accepted worldwide. It is not complicated once you have used it a few times and its rules are rather common sense in nature. The Code deals with the botanical names but does not deal with actual classification, and it does not deal with which scientific name is accepted as the current correct concept in systematics.

The family of orchids, as virtually all other living beings, is subdivided into several smaller related groups and progressively in the order are: subfamily, tribe, subtribe, genus, and species. Some taxonomists use further divisions of subgenera, sections and subsections, series or alliances, and subdivisions of species into subspecies, forms, and varieties.

Orchids are monocots. A monocot has only one cotyledon or leaf in the seed. Orchid species represent one-third to half of the species of monocots, the rest being represented by other families of monocots: grasses, palms, gingers, bananas and others. Orchids belong to the plant family of *Orchidaceae***,** and are characterized as having bilaterally symmetric flowers with flowers that resupinate (except for those have evolved to regress back to not doing that), one petal that is modified into a labellum, fused stamens, and extremely small seeds.

In the orchid family there are five subfamilies according to current DNA evidence:

- The **Apostasioideae** - this group still has a rudimentary staminode. They are limited to tropical Asia and Australia, and not found in Brazil.
- The **Cypripedioideae** - the lady slippers. The Paphiopedilum, Phragmipedium and their relatives.
- The **Orchidoideae** - terrestrial orchids with large tuberous roots.
- The **Vanillioideae** - Vanilia and Pogoniinae.
- The **Epidendroideae** - all the rest, having a single terminal anther.

Epidendroideae subfamily brings together virtually all the orchids of great commercial interest to collectors. Epidendroideae contains more than half of the species of orchids, divided by almost 600 genera. The majority of the species are composed of orchids that live in the tropical climates, are usually epiphytic, almost always with pseudobulbs, and characterized by having three stamens that have evolved to form a single structure known as a column and an incumbent anther. The anther contains pollinia formed by an aggregate of waxy pollen masses and/or strongly compressed pollen and having a caudicle and viscidium.

The Epidendroideae subfamily is divided into two clades or subgroups known as the Higher Epidendroids and the Lower Epidendroids. In Brazil they are.

Higher Epidendroids

- Cymbidieae
- Vandeae
- Calypsoeae
- Dendrobieae
- Malaxideae
- Epidendreae

Lower Epidendroids

- Sobralieae
- Neottieae
- Tropidieae
- Triphoreae
- Xerorchideae

In this volume we are dealing with a set of species that belong to the Cymbidieae tribe.

Cymbidieae tribe consists of species from many continents, but most come from the New World, more specifically, Latin America. Cymbidieae is one of the largest orchid tribes in Brazil, including approximately one-fourth of the total Brazilian species. The tribe is extensive and few of the species and genera contained possess all the morphological traits listed below and there are many exceptions to the characteristics attributed to the tribe. The tribe is generally thought to encompass plants that are neither large nor tall with sympodial growth. Their roots are covered with a spongy mass called velamen. The plants possess pseudobulbs, articulated leaves, inflorescences that emerge from the base of the pseudobulbs, and flowers with 2-4 pollinia that have a stipe. The tribe is divided into eleven subtribes.

In Brazil the subtribes are:

- Catasetinae
- Coeliopsidinae
- Cyrtopodiinae
- Eriopsidinae
- Eulophiinae
- Maxillariinae
- Oncidiinae
- Stanhopeinae
- Zygopetalinae

***

As orquídeas constituem-se em uma das maiores famílias de plantas floríferas. Estima-se que no mundo existam cerca de 25.400 espécies, divididas em cerca de 1000 gêneros. A variedade dessas plantas é enorme, de espécies milimétricas a espécies que medem diversos metros, com flores minúsculas ou que podem medir mais de meio metro; de perfumes deliciosos ou cheiro intolerável; que vivem sob a terra por quase toda a vida ou no topo da copa das árvores terrestres, distribuídas por quase todas as partes do mundo, exceto as regiões polares e desertos extremamente áridos.

As orquídeas estiveram na cena européia desde a chegada do homem, de fato, desde muito antes da chegada dele. Com a chegada das plantas exóticas, coletadas na América, Ásia e África, regras para organizar o grande número de espécies em um sistema de identificação foram concebidas, o sistema binomial.

O sistema original baseava-se na aparência das plantas, agrupando aquelas de morfologias similares. O sistema morfológico não se procupava se as espécies de um grupo se relacionavam ou não, apenas se compartilhavam das mesmas características. Assim, o nome *Cymbidium* era usado tanto para plantas da Ásia como da América, e assim era para muitos outros gêneros. Este não era um grande problema enquanto havia somente umas poucas espécies mas, conforme mais e mais foram sendo incluídas no sistema, mudanças ao conceito inicial foram necessárias.

Enfim alguém decidiu que as plantas de cada grupo deveriam estar relacionadas. Estranhamente, não existe uma regra que determine que a classificação deva seguir a filogenia, apenas o consenso de que faz sentido manter este caminho. Até os anos 90, se alguém dissesse que uma planta era relacionada à outra, estava meramente supondo. Até então, havia análises químicas, análises de perfumes, capacidades de hibridação, todos testados como maneiras de separar as espécies, sem resultados consistentes. Foi quando surgiram os testes de partes do DNA das plantas e a utilização desses resultados para confirmar ou estabelecer o grau de relacionamento entre duas espécies, e de um grupo de espécies com outro.

Com a chegada destes testes, chegou o cladograma, uma espécie de árvore genealógica de grupos de orquídeas, mostrando quais espécies estão próximas e quais pertencem a outros grupos. Agora os taxonomistas têm uma ferramenta para adicionar evidências concretas mensuráveis ao que alguém poderia entender como características visíveis compartilhadas por uma espécie ou um grupo de espécies.

Isto deveria resolver tudo agradavelmente! O que de fato aconteceu, e esta é nossa opinião, é que os responsáveis pelos testes esqueceram-se de acrescentar as evidentes características físicas das espécies à sua avaliação dos relacionamentos entre os grupos de espécies na hora de classificá-los.

Todos esperamos que um dia todas as espécies estejam resolvidas, então poderemos esquecer todos os sinônimos, pois estes não serão mais necessários, tudo estará maravilhosamente arrumado e poderemos aprender o nome de uma planta e pronto! Este dia ainda não chegou.

Toda a taxonomia é apenas um sistema de comunicação, as plantas não se importam. Isto quer dizer que serve apenas para uma pessoa passar informações a outra pessoa. Como toda comunicação, a menos que se usem linguagem e formato comuns, é inútil. Concordância no formato é o que está faltando. A solução não parece próxima. A verdade é que o consenso pode nunca ocorrer.

A ferramenta mais comum de comunicação é o nome da orquídea. Quando formalmente escrito, traz muitas informações que, a princípio, podem não ser óbvias. As primeiras duas partes do nome são o gênero e a espécie, escritos em latim, com correta concordância em gênero. O nome latino é escrito em itálico, da mesma forma que fazemos quando empregamos palavras estrangeiras em nosso texto. Depois dos dois nomes em latim, vem o nome da pessoa que escreveu a descrição original, ocasionalmente seguido pela data de sua publicação. Com estas informações, todos certamente podem saber a que espécie alguém está se referindo; encontrar as informações originais, ou descrição; e descobrir que ela está assegurada pelo depósito de uma planta em um herbário em particular. Algumas vezes o nome do primeiro autor aparece em parênteses com um segundo autor depois dele. Isto acontece quando o segundo autor mudou a espécie para outro gênero e publicou esta mudança. Segue-se então o ano da publicação desta alteração.

Este sistema de nomes segue regras bem definidas de como todo o processo deve acontecer. O Código Internacional de Nomenclatura Botânica é o conjunto formal de regras dos nomes botânicos conferidos às plantas. Foi concebido com o intento de assegurar que cada grupo de plantas, taxon, tenha somente um nome correto que o identifique e seja aceito universalmente. Não é complicado, uma vez que tenha sido utilizado algumas vezes. Suas regras são de natureza bastante consensual. O código legisla sobre os nomes botânicos mas não sobre os sistemas de classificação, e não resolve qual nome científico será aceito como conceito corrente correto em sistemática.

A família das orquídeas, está subdividida em diversos grupos relacionados menores e, progressivamente, esses grupos são: subfamília, tribo, subtribo, gênero e espécie. Alguns taxonomistas vão além e usam mais subdivisões: subgêneros, seções, séries ou *alliances* e subespécies, formas e variedades.

As orquídeas são monocotiledôneas. Simplificando, isto significa que sua semente é formada por uma só folha que contém reservas para alimentar o embrião. As espécies de orquídeas correspondem a entre um terço e metade de todas as espécies de monocotiledôneas, o resto representado pelas gramíneas, palmeiras, gengibres, bananas, aspargos, lírios, e outras. As orquídeas formam a família *Orchidaceae*, que, de forma resumida, caracteriza-se por apresentar plantas de flores de simetria bilateral, compostas por três sépalas e três pétalas, uma destas normalmente modificada em labelo, frequentemente ressupinadas, com estames fundidos formando a coluna, além de produzir sementes extremamente pequenas, e pólen normalmente agregado em massas cartilaginosas duras chamadas polínias. Grande parte delas, principalmente as epífitas, têm suas raízes recobertas por uma espécie de esponja branca chamada velame.

As orquídeas dividem-se em cinco subfamílias:

- **Apostasioideae** – com flores de três estaminóides, que não existem no Brasil.
- **Cypripedioideae -** os *sapatinhos*. Apresentam dois estaminóides.
- **Orchidoideae -** orquídeas herbáceas normalmente terrestres com raízes tuberosas.
- **Vanillioideae -** as baunilhas e outras plantas terrestres de sementes maiores.
- **Epidendroideae** – todo o resto, com uma única antera terminal.

Neste volume tratamos de um conjunto de espécies que pertencem à subfamília Epidendroideae.

Epidendroideae. Esta subfamília agrupa mais da metade de todas as orquídeas conhecidas, e praticamente todas as orquídeas de interesse dos colecionadores. Está dividida em quase 600 gêneros. A grande maiora de suas espécies vive nos trópicos e regiões equatoriais, normalmente são epífitas, quase sempre com pseudobulbos, e a coluna de suas flores, resultante da união de seus três estames ancestrais em uma única estrutura, comporta uma antera incumbente. A antera contém polínias, que são formadas por um agregado de pólen ceroso comprimido, e estão ligadas a um caudículo e ou viscídio.

A subfamília Epidendroideae divide-se em dois clados, quer dizer, ramos de sua árvore genealógica, conhecidos como *Higher Epidendroids* e *Lower Epidendroids*. Cada um desses grupos são divididos em tribos, que são subgrupos, ou ramos menores. No Brasil essas tribos são:

Higher Epidendroids

- Cymbidieae
- Vandeae
- Calypsoeae
- Dendrobieae
- Malaxideae
- Epidendreae

Lower Epidendroids

- Sobralieae
- Neottieae
- Tropidieae
- Triphoreae
- Xerorchideae

Neste volume tratamos de um conjunto de espécies que pertencem à tribo Cymbidieae.

Cymbidieae. Este grupo reúne grande quantidade de espécies, muito variadas, distribuídas por todos os continentes, mas principalmente na América Latina, divididas por onze subtribos. É uma das maiores tribos de orquídeas presentes no Brasil, inclui possivelmente um terço do total das espécies brasileiras. Por serem uma tribo tão extensa, poucas são as características compartilhadas por todos os gêneros e mesmo estas, algumas vezes, tem exceções. As características morfológicas mais facilmente observadas são: plantas não excessivamente altas, de crescimento simpodial e raízes cobertas por uma massa esponjosa chamada velame; a presença de pseudobulbos; folhas articuladas; inflorescências que normalmente brotam da base dos pseudobulbos; e flores com estipe, duas polínias ou, ocasionalmente, quatro.

No Brasil as subtribos que se fazem presentes são:

- Catasetinae
- Coeliopsidinae
- Cyrtopodiinae
- Eriopsidinae
- Eulophiinae
- Maxillariinae
- Oncidiinae
- Stanhopeinae
- Zygopetalinae

Gomesa recurva

The Oncidiinae

The characteristics shared by all species belonging to the subtribe Oncidiinae, according to its recent definition are: green sympodial plants with velamentous roots and pseudobulbs or corms, the presence of articulated leaves without salient delicate nerves, plants with duplicative prefoliation (when the leaves are being formed they are only longitudinally folded, not rolled over themselves), with flowers with columns that do not have a basal continuation below the insertion of the ovary, with a front projected rostellum and pollinaria with distinct caudicule and retinacule, and with not easily compressed cartilaginous pollinia.

The Oncidiinae subtribe is one with many recent adjustments to the names of the various genera contained within and multiple adjustments of the species to be included in each genus. A large number of genera have been created as the first results of molecular analyses were published. Later, other publications have lumped together, in our opinion, an excessive number of genera, making previously well defined genera now confusing, ill-defined, and very hard to work with. The divisions we use do not go against the phylogenetic cladograms but merely draw lines further down along the cladogram. This does make more genera, but it also makes genera that can be clearly defined and are useful as communication tools, rather than genera that are merely collections of species on a cladogram, as some taxonomists propose.

This subtribe is divided into approximately 80 genera, about half of them found in Brazil. These genera can be grouped into ten main groups, which for convenience, we label them using the name of one of the commonly known genera. It is not our intention to create taxonomic categories, but to separate them in rather workable groups for use with these volumes. These subtribes do follow the recently published molecular data in *Genera Orchidacearum*. In Brazil, most groups of the subtribe are represented. They are:

- *Trichopilia* group
- *Trichocentrum* group
- *Gomesa* group
- *Oncidium* group
- *Miltoniopsis* group
- *Miltonia* group
- *Lockhartia* group
- *Ornithocephalus* group

Dividing these groups or clades depends on where one draws the lines, to be explained elsewhere in this volume. We have had to divide this subtribe into two volumes for publication. In this current volume we include the *Trichopilia*, and part of the *Gomesa* group, but in each case all of the species are included in the genera presented.

Key to Oncidiinae of Brazil in this volume:

1. Basal sheath with a leave structure at the apex - ***Gomesa* group, in part**
1. Basal sheath without a leaf structure at its apex - ***Trichopilia* group**

***

As características compartilhadas por todas as espécies pertencentes à subtribo Oncidiinae, de acordo com sua nova definição, são: plantas verdes de crescimento simpodial, com velame nas raízes, e pseudobulbos, mesmo que vestigiais; a presença de folhas articuladas sem nervos salientes, as quais ficam dobradas longitudinalmente quando em formação; flores cuja coluna não se estende além do ponto de inserção do ovário, com rostelo projetado para a frente, caudículo e retináculo distintos, e polínias cartilaginosas não facilmente comprimíveis.

Oncidiinae é uma das subtribos que, nos anos recentes, mais passaram por ajustamentos na divisão de seus gêneros, e também por múltiplos ajustamentos das espécies incluídas em cada um deles. Grande número de gêneros foi criado como resultado da divulgação das primeiras análises moleculares. Mais tarde, outras publicações agruparam diversos destes gêneros, enquanto criavam outros. Em nossa opinião, se bem que nem todos os gêneros propostos devessem ser mantidos, gêneros excessivos foram agrupados sem o cuidado necessário, tornando os gêneros resultantes muito heterogêneos e difíceis de definir.

As divisões que apresentamos aqui não contrariam os resultados publicados pelos filogenistas, apenas dividem os gêneros um pouco além do ponto escolhido por eles. Isto resulta em gêneros mais bem definidos e facilmente reconhecíveis pelas características morfológicas comuns a todas as suas espécies. Certamente o número de gêneros é maior, por outro lado, a comunicação é mais fácil do que quando nos referimos, como alguns taxonomistas propõe, a gêneros que são meramente conjuntos de espécies sem afinidade morfológica aglomeradas em um cladograma.

Esta subtribo está dividida em cerca de oitenta gêneros, cerca de metade deles presentes no Brasil. Estes gêneros podem ser agrupados em dez grupos principais de afinidade, aos quais, por questão de conveniência, chamamos pelo nome de um de seus gêneros mais conhecidos. Não é nossa intenção aqui criar categorias taxonômicas, mas apenas facilitar o modo de referirmo-nos a eles. De qualquer forma estes são os clados publicados no *Genera Orchidacearum 5*. No Brasil encontramos a maioria dos grupos. Existem no Brasil:

- *Grupo Trichopilia*
- *Grupo Trichocentrum*
- *Grupo Gomesa*
- *Grupo Oncidium*
- *Grupo Miltoniopsis*
- *Grupo Miltonia*
- *Grupo Lockhartia*
- *Grupo Ornithocephalus*

Escolhemos os grupos *Trichopilia*, e parte de *Gomesa* para serem incluídos neste volume. Em todos os casos, ou o grupo vem completo, com todas as espécies, ou pelo menos um de seus ramos está completo.

Chave de identificação dos grupos de Oncidiinae neste volume:
1. Baínha basal sem estruturas foliares articuladas - ***Gomesa* group**, em parte
1. Baínha basal com estruturas foliares articuladas - ***Trichopilia* group**

Trichopilia fragrans

The Trichopilia Group

The genera belonging to this group are formed by epiphytic plants with noticeable pseudobulbs that are flattened, oblong or terete, and have a single leaf. The leaves are coriaceous, very thick but still flexible. The flowers have no spur on the lip nor any other basal appendixes, and have an incumbent anther bearing two pollinia. The column has either two wings close to the stigma or a clinandrium surrounded by a membrane which holds the anther. In Brazil there are four genera which belong to this clade.

Key to the genera:

1. Clinandrium forms a long hood to cover the anther cap, leaves not mottled with brown or red, go to **2**
    2. Leaves flat on cross section - ***Trichopilia***
    2. Leaves linear, thick almost terete - ***Leucohyle***
1. Clinandrium not hooded, leaves mottled with red or brown, go to **3**
    3. Plant large and clumping, leave 15 cm long or more - ***Psychopsis***
    3. Plant small and creeping, lying close to substrate, leaves 2-3 cm long - ***Psychopsiella***

***

Os gêneros que pertencem a este grupo são compostos por plantas epífitas de pseudobulbos aparentes, achatados, oblongos ou teretes, os quais têm uma só folha coriácea, espessa mas flexível. Suas flores não têm nectário no labelo, nem qualquer outro apêndice basal, e apresentam antera incumbente com duas polínias. A coluna apresenta asas próximas ao estigma ou clinândrio com uma membrana superior longa, que sustenta a antera no lugar. No Brasil existem quatro gêneros pertencentes a este clado.

Chave de identificação dos gêneros:

1. Clinândrio alongado cobrindo a capa da antera, folhas sem pintas de outra cor, ver **2**
    2. Folhas planas - ***Trichopilia***
    2. Folhas lineares espessas quase teretes - ***Leucohyle***
1. Clinândrio curto, folhas pintalgadas de vermelho ou marrom, ver **3**
    3. Planta grande e ascendente com folha maior que 15 cm - ***Psychopsis***
    3. Planta pequena e reptante, próxima ao substrato, folha de 2 ou 3 cm - ***Psychopsiella***

Leucohyle

Leucohyle brasiliensis

Leucohyle

Leucohyle Klotzsch (1855). Type: *Leucohyle warscewiczii* Klotzsch (1855)= *Leucohyle subulata* (Sw.) Schlechter (1914) = *Epidendrum subulatum* Sw. (1865).

Of the three species that form the genus *Leucohyle*, a genus that ranges from Central America to Mato Grosso and Espírito Santo, Brazil, only two occur in Brazil.

Leucohyle have oval laterally compressed pseudobulbs with leaves that are fleshy to leathery, almost terete. The leaves are linear lanceolate, growing generally pendent or horizontal. The inflorescence comes from the base of the pseudobulb and emerges between the basal sheathes. The inflorescence, with many dead bracts or sheathes, is a rather short pendent raceme with up to six flowers. The flowers are large for the size of the plant. The translucent flowers are generally white with pink spots. The dorsal sepal is elliptic; the lateral sepals are lanceolate and slightly shorter than the petals; petals are lanceolate. The lip is variable, generally ovate to elliptical, parallel to the column at the base and either decurving or remaining concave. There are keels or a ridge at the base of the lip which adpresses the column. The column is long; about half the length of the lip, straight with a slight decurve at the midlength. Apically the column has a lacerate clinandrium which hoods over the pollinia, a trait this species shares with *Trichopilia,* but *Leucohyle* has a much exaggerated hood.

This genus was lumped with *Trichopilia* by Reichenbach in 1865, who declared that all the plants from the West Indies, Peru and Colombia belonged to the same species, *Trichopilia subulata*. In 1914, Schlechter, in *Die Orchideen*, revalidated the genus and it remained accepted until 2001, when Chase et al. combined the genus with *Trichopilia* based on the proximity to *Trichopilia* on the cladogram. Based on the very different vegetative morphologies of *Leucohyle* from *Trichopilia* we prefer to leave them separate.

Key to the species:
1. Lip ovate, acute at apex - ***Leucohyle brasiliensis***
1. Lip mucronate (rounded with small point at tip) – ***Leucohyle mutica***

***

Apenas três espécies formam este gênero de pequenas plantas epífitas, de crescimento cespitoso, que ocorrem desde a América Central até o Mato Grosso e Espírito Santo, em matas subtropicais úmidas ou secas. Duas espécies existem no Brasil.

As espécies de *Leucohyle* têm pseudobulbos roliços ou lateralmente comprimidos, ovóides na base e depois alongados, com uma folha carnosa ou coriácea, rígida, linear-lanceolada, acanoada, geralmente pendente ou horizontal. A inflorescência, com muitas brácteas secas, brota das axilas das baínhas que ladeiam o pseudobulbo, é curta, pendente, racemosa, flexível, e comporta, no máximo, seis pequenas flores quase translúcidas, simultâneas, geralmente brancas com pintas róseas. A sépala dorsal é elíptica e as laterais, lanceoladas, do mesmo comprimento e um pouco mais estreitas. As pétalas são lanceoladas, levemente arqueadas, assimétricas, da mesma cor das sépalas e um pouco mais curtas. O labelo é variável, geralmente elíptico, branco leitoso, na base cresce paralelo à coluna, plano ou côncavo, com carenas próximas à base as quais soldam-se à coluna. A coluna mede cerca de metade do comprimento do labelo, quase reta, com pequena curvatura na porção intermediária, é semi-terete, e apresenta extremidade de margens denteadas sobre a antera, um traço que compartilha com *Trichopilia*, no entanto, aqui muito mais acentuado.

Em 1865, este gênero foi unificado com *Trichopilia* por Reichenbach. Na ocasião ele subordinou todas as espécies conhecidas, do Peru e Colômbia, à *Trichopilia subulata*. Em 1914, Schlechter, em *Die Orchideen*, restabeleceu este gênero o qual permaneceu aceito até 2001, quando Chase et al. novamente combinaram-no com *Trichopilia* baseando-se em sua proximidade no cladograma. Como apresentam grandes diferenças vegetativas e culturais, preferimos deixá-las separadas.

Chave de identificação:
1. Labelo elíptico, concavo, agudo no ápice - ***Leucohyle brasiliensis***
1. Labelo arredondado com pequena ponta no ápice, plano ou convexo - ***Leucohyle mutica***

Leucohyle brasiliensis

Leucohyle brasiliensis

Leucohyle brasiliensis

Leucohyle brasiliensis

Leucohyle brasiliensis (Cogn.) Schltr. (1914); ****Trichopilia brasiliensis*** Cogn. (1906).

Pseudobulbs 1 cm long x 0.5 cm wide
Leaves 12-16 cm long x 0.5 cm wide
Inflorescence 6 cm long
Flowers 1 cm across
Sepals 0.6 cm long x 0.2 cm wide
Petals 0.6 cm long x 0.2 cm wide
Lip 0.8 cm long x 0.4 cm wide
Column 0.4 cm long

From PA, MT, GO, MA, and ES States in Brazil, 200-700 meters in elevation. Clustered plant. Pseudobulbs almost cylindrical. Leaf one, long lanceolate, thick, shallowly terete and nonflexible, light yellow green. Inflorescence arching. Flowers 3-5. Flower white, sometimes petals green-white, with diffuse red spots on lip and column. Sepals and petals lanceolate. Lip ovate, concave, basal edges of lip approach lip to form a tube, no midline fold, acute at apex. Callus two protuberances at lip base. We have been unable to determine if *L. brasiliensis* and *L. mutica* are variations of the same species or whether they are different species. The literature is also unclear on this.

***

Encontrada no PA, MT, GO, MA, e ES, entre 200 e 700 metros de altitude. É planta de crescimento cespitoso com pseudobulbos pequenos, quase cilíndricos. Uma folha longa, espessa e lanceolada, quase linear, acanoada e pouco flexível, verde claro ou escuro, dependendo da luminosidade; inflorescência pendente ou rasteira, com até cinco flores brancas ou com pétalas esverdeadas, pintalgadas de rosa no labelo e coluna; sépalas e pétalas lanceoladas; labelo oval, côncavo, com as margens laterais próximas à base um pouco levantadas ao lado da coluna, sem linha central aparente, ápice agudo e duas protuberâncias na base. Fomos incapazes de determinar se *L. brasiliensis* e *L. mutica* são variações da mesma espécie ou não.

Leucohyle mutica

Leucohyle mutica (Lindl.) Schltr. (1914); ****Macradenia mutica*** Lindl. (1839); ***Trichopilia mutica*** (Lindl.) Rchb.f. & Wullschl. (1863).

Pseudobulbs 1 cm long x 0.5 cm wide
Leaves 12-16 cm long x 0.5 cm wide
Inflorescence 6 cm long
Flowers 1 cm across
Sepals 0.6 cm long x 0.2 cm wide
Petals 0.6 cm long x 0.2 cm wide
Lip 0.8 cm long x 0.4 cm wide
Column 0.4 cm long

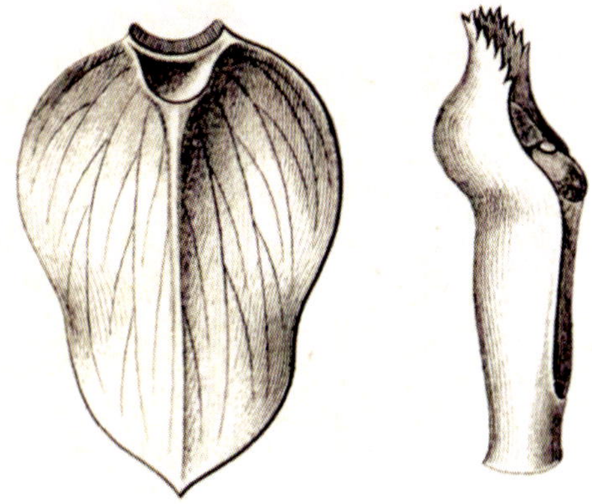

Leucohyle mutica

From Caribbean and Amazon Forest in Surinam, Venezuela and AM, PA and MA in Brazil, is from lower elevations than *L. brasiliensis*, the type was collected at almost sea level. Clustered plant. Pseudobulbs yellow green, oval. Leaf one, long lanceolate, thick shallowly terete and nonflexible, light yellow green. Inflorescence arching. Flowers 3-5. Flower white. Sepals and petals, linear lanceolate, lateral sepals wider lanceolate. Lip ovate, concave, basal edges of lip approach lip to form tube with midline fold, mucronate at apex. Callus a depression at the lip base.

Leucohyle mutica

***

Encontrada no Caribe e na Floresta Amazônica, no Suriname, Venezuela e AM, PA e MA. Trata-se de planta que habita altitudes menores que a *L. brasiliensis*. A primeira planta desta espécie foi encontrada quase ao nível do mar. Planta de crescimento cespitoso. Uma folha longa, espessa e lanceolada, quase linear, acanoada e pouco flexível, verde claro ou escuro dependendo da luminosidade. Inflorescência pendente ou rasteira com até cinco flores brancas. Sépalas e pétalas linear-lanceoladas, as laterais, mais largas. Labelo oval, côncavo, com linha de dobra central, e extremidade arredondada, terminando em pequeno ápice agudo. O calo é um pequeno relevo na base.

Leucohyle mutica

Psychopsiella

Psychopsiella limminghei

Psychopsiella

Psychopsiella Lückel & Braem (1982). Type: *Psychopsiella limminghei* (E.Morren ex Lindl.) Lückel & Braem (1982) = *Oncidium limminghei* E.Morren ex Lindl. (1855).

Psychopsiella is a creeping plant that adheres to the surface it is growing on and the pseudobulb and leaves lay flat against the surface of the substrate, only the flower emerges a few centimeters from the substrate. The mottled red dark green leaves and pseudobulbs grow over the surface forming a mat of growth.

There is a clear similarity between *Psychopsis* and *Psychopsiella*; both have dark green leaves marked with chestnut, both have a long sequentially flowering inflorescence with only one flower present at a time; both flowers have the have the same colors and patterns of colors. Despite these similarities, *Psychopsiella* is in everything lesser: smaller plant, smaller flowers, and smaller inflorescence. There are also morphological differences. The small pseudobulbs are cordiform, not large and oval as in *Psychopsis*. *Psychopsiella* flowers have wide and short sepals and petals are similar in shape to each other, very different from *Psychopsis,* with the extremely long and narrow crenulate dorsal sepal. It is geographically separated from *Psychopsis* by the whole of Brazil, being only found in Rio de Janeiro and northern Venezuela.

Our interpretation of the *Genera Orchidacearum* cladogram would, if *Psychopsis* is valid, make *Psychopsiella* also a genus supported by phylogeny; however Whitten et al. have combined it back into *Psychopsis.*

***

As *Psychopsiella* são plantas reptantes que crescem dando a impressão que os pseudobulbos e folhas foram achatados, próximos ao substrato, formando uma espécie de tapede verde acinzentado pintalgado. A flor emerge de inflorescência longa e delgada parecendo flutuar no ar ao redor da planta.

A semelhança entre *Psychopsis* e *Psychopsiella* é bastante clara, ambas apresentam folhas verde-escuro maculadas de castanho, em ambas a inflorescência é longa com apenas uma flor, eventualmente duas ou mais em seqüência, de formatos e cores parecidos, entretanto *Psychopsiella* é em tudo muito menor. Entre outras diferenças, seus pseudobulbos são pequenos e levemente cordiformes, e não ovalados e grandes; e suas flores apresentam sépalas e pétalas curtas, largas, e todas semelhantes, muito diferentes de *Psychopsis* onde são extremamente longas e estreitas com as sépalas dorsais largas e franjadas. Geograficamente, parte das *Psychopsiella* estão parcialmente separadas das espécies de *Psychopsis* por quase metade da extensão do Brasil, sendo encontradas só no Rio de Janeiro e, aparentemente, norte da Venezuela.

Nossa interpretação do cladograma em *Genera Orchidacearum* permitiria considerar este um gênero aceito, no entanto Whitten et al. preferiram combinar este gênero com *Psychopsis.*

Psychopsiella limminghei

Psychopsiella limminghei

Psychopsiella limminghei

Psychopsiella limminghei

Psychopsiella limminghei (E.Morren ex Lindl.) Lückel & Braem (1982); ****Oncidium limminghei*** E.Morren ex Lindl. (1855); ***Oncidium echinophorum*** Barb.Rodr. (1882); ***Psychopsis limminghei*** (E.Morren ex Lindl.) M.W.Chase (2005).

Pseudobulbs 1 cm long x 1 wide
Leaves 0.8-2 cm long x 0.7-1.5 cm wide
Inflorescence 4-12 cm long
Flowers 3-4 cm across
Sepals 2 cm long x 0.9 cm wide, lateral sepals 1.6 cm long x 0.7 cm wide
Petals 2 cm long x 0.9-1.1 cm wide
Lip 1.2-1.9 cm long x 1.7-2.1 cm wide
Column 0.4 cm long

From Venezuela and RJ, sea level to 300 meters in elevation. Pseudobulbs ovate to sub orbicular. Leaf one, elliptic, dull olive green mottled red purple, leaf reverse red purple mottled green. Inflorescence round in cross section. Sepal and petals yellow with dark red-brown markings and bars, and lip yellow white bared and spotted brown-orange. Dorsal sepal and petals spatulate, lateral sepals elliptic. Lip three lobed, lateral lobes truncate, medial lobe pandurate, notched deeply at apex. Callus 2 keels or ridges separate by stout semi cylindric lamella. Column with lacerate wings.

***

Encontrada na Venezuela e RJ, do nível do mar a 300 metros de altitude. Tem pseudobulbos ovais, bastante achatados, encimados por uma folha elíptica, verde, pintalgada de púrpura, de avesso púrpura pintalgado de verde. Inflorescência de secção redonda. Sépalas e pétalas amarelas com marcas ou barras marrom avermelhado escuro; e labelo amarelo claro com pintas e listas alaranjadas. Sépala dorsal e pétalas espatuladas, sépalas laterais elípticas. Labelo trilobado com lobos laterais truncados, e lobo intermediário em leque, profundamente fendido no meio. No labelo duas carenas separadas por robusta lamela. Coluna com asas laceradas.

Psychopsis

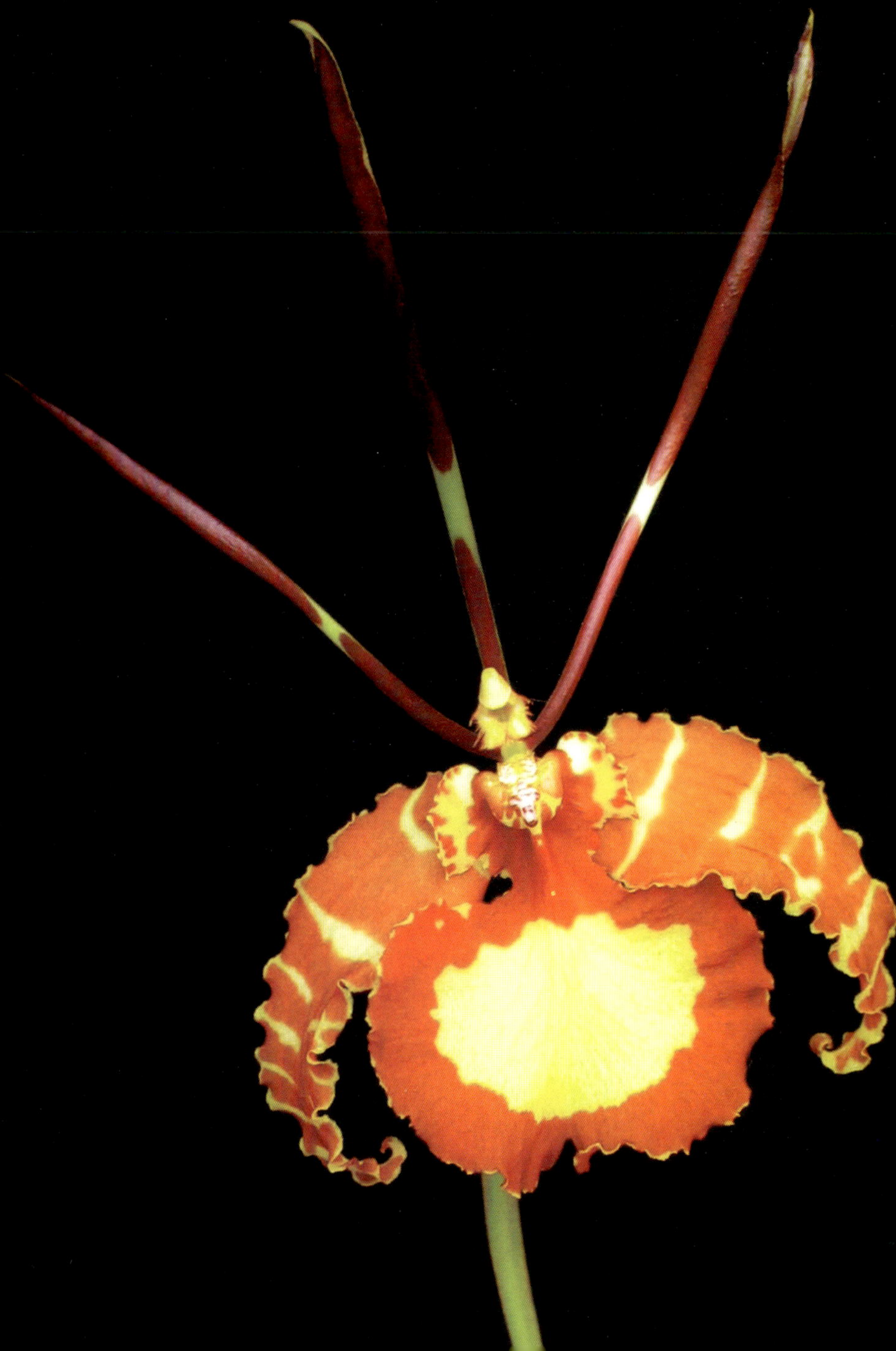

Psychopsis veerstigiana

Psychopsis

Psychopsis Raf. (1838). Type: *Psychopsis picta* Raf. = *Psychopsis papilio* (Lindley) H.G. Jones. ***Papiliopsis*** E.Morren (1874).

Psychopsis is composed of four epiphytic species that exist from Central America to the northern forests of Amazonia, down through Ecuador to Peru. Along with this wide range of distributions for each species comes a wide range of misidentifications, which has probably extended the range of several of the species. Only one and perhaps two species are recorded for Brasil.

The species of *Psychopsis* were formerly contained in *Oncidium* section *Glanduligera.* In 1838, Rafinesque proposed a new genus *Psychopsis* for the species *Oncidium papilio* described by Lindley in 1825. This genus has remained accepted over these many years. The recent molecular work on phylogeny of the *Oncidium* alliance has confirmed that *Psychopsis* is closely associated with but separate from *Trichopilia.*

Psychopsis are very distinct plants, especially if they have been or are currently flowering. The cespitose plant has one leaf with dark-green to gray-green leathery leaves often covered with chestnut stained pigments. The leaves are elliptic, conduplicate, stiff but not inflexible. The erect inflorescence, which emerges from the base of the pseudobulbs, is extremely long, one meter long being the rule, subtended with a sequentially flowering apex. The inflorescence has several bracts along its length that last many years. *Psychopsis* will flower many times a year and each inflorescence will bloom many times over its lifetime. The large flowers have dorsal sepals and petals that are extremely narrow; showy lateral sepals of yellow and barred with orange-red, and a lip that is yellow, spotted orange-red on the margins. The various species are difficult to tell apart and vary by the arrangement of glands on the column wings and whether the inflorescence stem is flattened or terete. The flowers are very large. The dorsal sepal and petals are similar, long and straight, attenuate at their base, they hold themselves like antennae. The showy lateral sepals are narrow at their base, and widen and become falcate with markedly undulate margins. The lip has three lobes, the lateral lobes are semiovate with serrate or dentate margins, and the oval to oblong medial lobe is pandurate with a variable length isthmus and markedly undulate at its margins. The sepals and petals are dark red-brown, the lateral sepals and lip are yellow with various patterns of orange-brown spots and bars. The callus varies from species to species, and the erect column has column wings with prominent lacerations sometimes with glandular tips of various patterns.

Information concerning the actual occurrence of this genus in Brazil is vague. We are certain that one species does exist here, but which species of *Psychopsis* is uncertain. We thought about making the argument that the four species are all one species or perhaps two, but there do seem to be differences in the column structure and more study would be required to determine these patterns and their significance. Many observers and references report *Psychopsis papilio* in Amazônia, but the images of these specimens are poor and make confirmation of the actual species in question difficult. Recently, Joacy de Freitas Luz, in *Orquídeas na Amazônia*, presented photographs of locally collected *Psychopsis sanderae* near Pacaraima in Roraima. We feel that his photos represent in reality *Psychopsis versteegiana*, but it is impossible to be certain. There have been other reports of collections made close to São Félix do Xingu, State of Pará, in 2000, by João Batista F. da Silva. It is possible that more than one species could be found in Brasil. The photograph shown in his book might possibly be *P. papilio* or *P. krameriana*.

Key to the known species of *Psychopsis* that could be in Brazil:

1. Column wing lacerations never glandular - ***Psychopsis versteegiana***
1. Column wing with some or all lacerations glandular, go to **2**
    2. All column wing lacerations glandular – ***Psychopsis sanderae***
    2. Only the apical wing lacerations glandular, go to **3**
        3. Inflorescence terete - ***Psychopsis krameriana***
        3. Inflorescence flattened - ***Psychopsis papilio***

***

Psychopsis é composto por quatro espécies epífitas que existem do sul da América Central à Amazônia, Equador e Peru. Ao lado da vasta área de dispersão relatada para cada espécie caminha um grande número de identificações dúbias ou incorretas as quais provavelmente extendem sua ocorrência e confundem sua identificação. Só uma espécie foi encontrada no Brasil, possivelmente existam outras.

Psychopsis e ***Psychopsiella*,** formavam a seção *Glanduligera* de *Oncidium.* Em 1838, Rafinesque propôs o gênero *Psychopsis* para o *Oncidium papilio* então descrito por Lindley. Este gênero não foi inteiramente aceito e sua utilização permaneceu restrita por muitos anos. Em 1982, Lückel e Braem propuseram não só que se restabelecesse o antigo gênero proposto por Rafinesque como também a criação de um novo gênero para abrigar o pequeno *Oncidium limminghei*, *Psychopsiella*. Análises moleculares recentes, que abordam a filogenia dos gêneros de Oncidiinae, confirmam que *Psychopsis* é genero próximo de *Trichopilia*.

Psychopsis são plantas vistosas, especialmente quando floridas. Apresentam crescimento cespitoso com pseudobulbos unifoliados, de formato ovalado, lateralmente comprimidos, levemente enrugados quando velhos, encimados por uma folha coriácea, elíptica, alongada, espessa porém flexível, maculada de verde escuro e castanho. A inflorescência nasce da base dos pseudobulbos, é muito longa, ereta ou arqueada, com brácteas espaçadas, permanecendo ativa durante diversos anos, florescendo sempre na extremidade, mais de uma vez por ano. Comporta apenas uma flor por vez, mas diversas em sequência. As flores são bastante grandes, com sépala dorsal e pétalas semelhantes, muito longas e estreitas, eretas, quase como se fossem antenas, de base atenuada, levemente alargadas e ovaladas no terço final, amareladas, maculadas de castanho alaranjado; as sépalas laterais muito mais largas que a dorsal, falcadas, e com margens onduladas ou intensamente franjadas, amarelo pintalgado ou maculado de castanho avermelhado. O labelo é trilobado, com margens onduladas; os lobos laterais oblongo-arredondados, e o mediano contraído em istmo; o calo, bastante complexo, situa-se entre os lobos laterais. A coluna pode apresentar antenas laterais e grandes asas laceradas que podem ou não terminar em pequenas glândulas esféricas escuras. A antera é terminal com duas polínias obovadas.

Quanto às espécies encontradas no Brasil, as informações que obtivemos são vagas. Seguramente, pelo menos uma das espécies existe aqui mas qual não estamos certos. Pensamos em discutir se todas as espécies não seriam apenas variações populacionais de uma mesma espécie ou talvez duas, mas há diferenças na estrutura da coluna de modo que mais estudo é necessário para determinar seu padrão e significância. Por muitos anos ouvimos dizer que haveria *Psychopsis papilio* na Amazônia, entretanto não encontramos qualquer referência de coleta comprovada. Imaginamos que esta informação possa ter sido ocasionada por alguma confusão inicial na identificação da espécie encontrada. Recentemente Joacy de Freitas Luz, em *Orquídeas na Amazônia* apresenta fotos e informa o local de coleta de *Psychopsis sanderae,* próximo de Pacaraíma, em Roraima. Conferindo as fotos apresentadas em seu livro, suspeitamos que na realidade trata-se da *Psychopsis versteegiana,* no entanto, é impossível termos certeza apenas pelas fotos. João Batista F. da Silva, em seu livro *Orquídeas Nativas da Amazônia Brasileira,* informa que encontrou outra espécie, diferente da suposta *P. veerstegiana*, perto de São Félix do Xingu, Pará, em 2000. É provável que outras existam no Brasil.

Chave de identificação das espécies de *Psychopsis*, mesmo as estrangeiras:

1. Asa da coluna sem lacerações glandulares - ***Psychopsis versteegiana***
1. Asa da coluna com lacerações glandulares, ver **2**
    2. Com todas as lacerações glandulares – ***Psychopsis sanderae***
    2. Somente algumas lacerações glandulares, ver **3**
        3. Inflorescência terete - ***Psychopsis krameriana***
        3. Inflorescência comprimida lateralmente - ***Psychopsis papilio***

Psychopsis sanderae

Psychopsis sanderae (Rolfe) Lückel & Braem (1982); ****Oncidium sanderae*** Rolfe (1910).

Pseudobulbs 3-5.5 cm long x 3.0-3.8 cm wide
Leaves 12-20 cm long x 3-4 cm wide
Inflorescence 65-110 cm long
Flowers 6-8 cm across
Sepals 10 cm long x 0.5 cm wide, lateral sepals 5.8 cm long x 1.5 cm wide
Petals 10 cm long x 0.5 cm wide
Lip 5-6 cm long x 4 cm wide
Column 1 cm long

From Peru, and in Brazil it has been reported close to Pacaraima, in Roraima, at 600-1200 meters in elevation in non flooding marshy areas of high humidity. Cespitose. Pseudobulbs ovate to ovate-elliptic, exposed surfaces dark red-purple, green under sheathes. Leaf one, elliptic, dull olive green mottled red-purple, leaf reverse red-purple mottled green. Inflorescence elliptic in cross section. Dorsal sepal and petals basal half green-yellow with dark red-brown markings, apically pale brown, lateral sepals yellow with red-brown blotches, and lip green-yellow with marginal band colored or blotched brown-orange or red. Dorsal sepal and petals linear oblanceolate. Lateral sepals falcate, margins undulate. Lip three lobed, lateral lobes semiovate with denticulate margins, medial lobe oval, notched at apex. Callus 2 keels or ridges separate by stout semi cylindric lamella. Column with lacerate wings, the multiple lacerated divisions of the wings having glandular tips.

This description is based on plants from Peru. Please know that the species found in Brasil may or may not be this species. We rely only on previous reports for the inclusion of the this species here, and present pictures of the other four species as a reference for one to use if you find one. None of these plants were photographed as plants found natively in Brazil. In Venezuela, there are records only of *P. papilio* and *P. krameriana*, as the *Psychopsis* species of Brazil has

Psychopsis versteegiana

Psychopsis veerstegiana

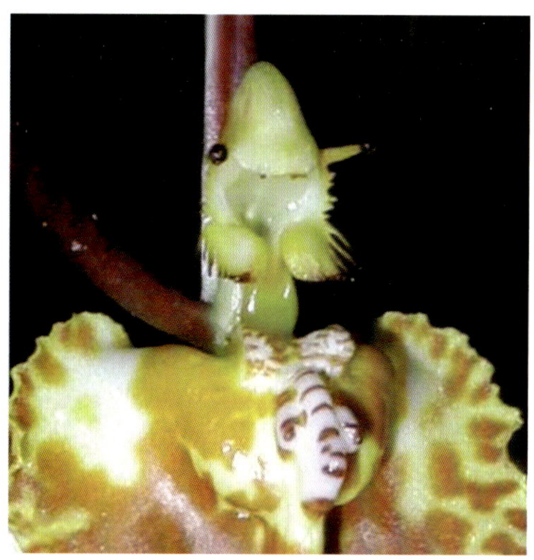

Psychopsis papilio

Psychopsis sanderae

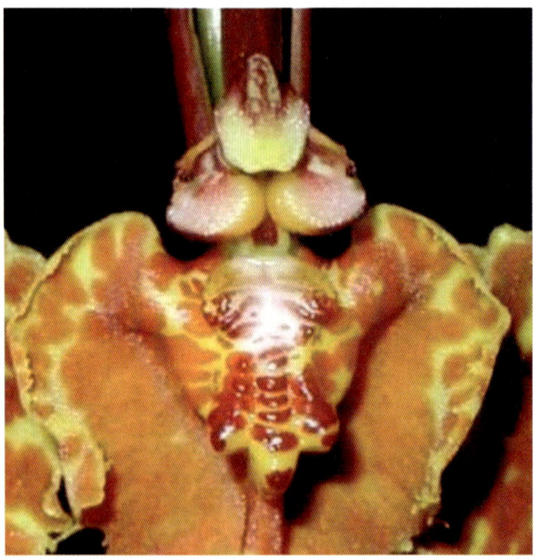
Psychopsis krameriana

Psychopsis papilio

been collect close to its borders, very far from the area of natural occurrence of *P. sanderae, P. sanderae* seems somewhat unlikely to be among the options to be found. It is more likely is it one of the other two. We have not seen any specimen collected in Brazil.

***

Encontrada no Peru e Brasil, onde foi relatada sua existência perto de Pacaraíma, em Roraima, entre 600 e 1200 metros de altitude em áreas de terra firme com alta umidade. É planta de crescimento cespitoso com pseudobulbos monofoliados, de ovais a elípticos, cujas superfícies expostas são púrpura escura, mas verdes sob as baínhas. As folhas são elípticas, verde oliva, manchadas de púrpura, com o padrão inverso no verso. A inflorescência é de secção circular. A sépala dorsal e as pétalas são linear-lanceoladas, eretas, pouco alargadas, ovaladas no terço final, amarelas, maculadas de castanho alaranjado; as sépalas laterais mais largas que a dorsal, falcadas e com margens onduladas, na cor amarela, maculada de castanho avermelhado. O labelo é trilobado, com margens denticuladas; os lobos laterais semi-ovais, e o mediano, oval, fendido no ápice. O calo situa-se entre os lobos laterais e é composto por duas quilhas separadas por lamela semi-cilíndrica. A coluna apresenta grandes asas laceradas com pequenas glândulas esféricas terminais.

A descrição acima é baseada em plantas do Peru. A espécie encontrada no Brasil pode ser esta ou não. Ao incluí-la, aqui seguimos as publicações existentes, contudo, trazemos fotografias de todas as quatro espécies para servirem de referência. Nenhuma delas foi fotografada a partir de plantas encontradas no Brasil. Na Venezuela, existem registros da existência das *P. papilio* e *P. krameriana*, como a espécie de *Psychopsis* do Brasil foi encontrada perto de sua fronteira, muito longe do Peru, que é area nativa da *P. sanderae*, *P. sanderae* não parece ser uma opção provável. Acreditamos que, mais possivelmente, seja uma das outras duas. Ainda não vimos quaquer planta coletada no Brasil e não garantimos qual seja.

Trichopilia

Trichopilia fragrans

Trichopilia

Trichopilia Lindl. (1836). Type: *Trichopilia tortilis* Lindley. ***Pilumna*** Lindl. (1845).

Trichopilia and its close relative *Leucohyle,* along with *Psychopsiella* and *Psychopsis,* form a branch of the clade of the *Oncidium. Trichopilia* is a group of about 30 species, small but robust epiphytes, occasionally found as terrestrials or rock growing, that form clumping or matte forming masses. They are found in areas of high humidity from Mexico to Amazonia, most species being found in Colombia and areas of northeastern Latin America, except for one species which is found in Pernambuco and in Rio de Janeiro. Two species of *Trichopilia* are reported from Brazil.

Trichopilia have a short rhizome that grows up a surface. Their oval or cylindric pseudobulbs have a single leaf. The conduplicate leaves are leathery in texture. The inflorescence emerges from the base of the pseudobulb among the basal leafless sheaths that become brown as they age. The short raceme can be arching or pendent with just a few flowers or up to ten flowers, depending on the species. The showy flowers are large for the size of the plant and markedly perfumed.

The sepals and petals are similar, usually very long and thin, the lateral sepals can be united at the base, and the sepals and petals can be very undulate and sometimes even torsed. The lip is very large and is fused with the base the of column for about half of the column length. The lip can have side lobes but these are usually obscure and the lip's lateral sides roll up to encircle the column to form a tube. The column is long, semiterete, and the apical clinandrium is fimbriate with two pollinia.

Key to the species:
1. Lip lobe ovate, oval - ***Trichopilia fragrans***
1. Lip midlobe with midlength narrowing, hourglass shape - ***Trichopilia laxa***

***

Trichopilia e seu gênero mais próximo, *Leucohyle,* bem como *Psychopsiella* e *Psychopsis,* formam um grupo no clado de Oncidiinae. O gênero é composto por cerca de três dezenas de espécies, médias e pequenas, mas robustas, epífitas, ocasionalmente terrestres ou rupícolas, de crescimento cespitoso, que ocorrem em matas sombrias e úmidas, desde o sul do México até a Amazônia, a maioria na Colômbia e em áreas do noroeste da América Latina, excetuada uma espécie natural do Rio de Janeiro e Pernambuco. Duas espécies existem no Brasil.

As *Trichopilia* apresentam curto rizoma reptante, pouco ascendente, com pseudobulbos monofoliados agregados, ovais ou cilíndricos. As folhas são pseudopecioladas, coriáceas, brilhantes. A inflorescência é basal, arqueada ou pendente, racemosa, curta; conforme a espécie com poucas ou até dez flores muito vistosas e perfumadas.

As sépalas e pétalas são similares, geralmente com as sépalas laterais levemente unidas na base, todas com margens retorcidas ou onduladas, e formatos variáveis. O labelo é bastante largo, levemente soldado à base da coluna, trilobado, geralmente com os lobos laterais arredondados, sobrepondo-se ao envolver a coluna, formando uma espécie de tubo que se alarga e abre-se no lobo mediano, lembrando o aspecto de um funil. A coluna é alongada, semi-terete, com clinândrio de margens ciliadas ou fimbriadas, e duas polínias.

Chave de identificação das espécies:
1. Labelo oval - ***Trichopilia fragrans***
1. Labelo com formato de violino - ***Trichopilia laxa***

Trichopilia fragrans

Trichopilia fragrans

Trichopilia fragrans (Lindl.) Rchb.f (1858); ****Pilumna fragrans*** Lindl. (1844); ***Trichopilia candida*** Linden ex Lindl. (1846); ***Pilumna nobilis*** Rchb.f. (1850); ***Trichopilia albida*** H.Wendl. (1851); ***Trichopilia nobilis*** (Rchb.f.) Rchb.f. (1855); ***Trichopilia fragrans* var. *nobilis*** (Rchb.f.) Linden & André (1872); ***Trichopilia lehmannii*** Regel (1887).

Pseudobulbs 10 cm long x 3 cm wide
Leaves 15-20 cm long x 3 cm wide
Inflorescence 30 cm long
Flowers 8 cm across
Sepals 4-8 cm long x 1-1.5 cm wide
Petals 4-8 cm long x 1.2 cm wide
Lip 5-6 cm long x 3-4 cm wide
Column 2 cm long

From Caribbean and northern South America, and Roraima in Brazil, at 1000 meters in elevation in sub-mountain forests in super humid habitats but not in flood plains, more common in the mountains between Brazil and Venezuela. Clustered plant. Pseudobulbs green, oval. Leaf one, long lanceolate, thick shallowly terete and nonflexible, green. Inflorescence arching. Flowers 4-5. Flower white, sometimes petals green white, with orange or yellow at disc. Sepals and petals oblong lanceolate. Lip orbicular, tubular at base, basal edges of lip approach lip to form tube, midline fold, notched at apex. Callus small midline keel at lip base.

Trichopilia fragrans

The plant pictured here is a specimen found growing in Peru. The Brazilian population has more undulation in the sepals and petals and a proportionally smaller lip which is also more undulate at the margins.

***

Encontrada no Caribe, Norte da América do Sul e Roraima, no Brasil, a 1000 metros de altitude em florestas de terra firme, íngremes e úmidas, mais comum nas montanhas próximas à Venezuela. São plantas de crescimento cespitoso, de pseudobulbos ovais, verdes, com uma longa folha lanceolada verde, espessa e quase nada flexível. A inflorescência é arqueada, com até cinco flores brancas, ocasionalmente de pétalas verde-claro, apresentando mancha alaranjada ou amarela no labelo. As sépalas e pétalas são oblongo-lanceolatas e o labelo, orbicular, tubular na base, com uma dobra central longitudinal. O calo é uma pequena lamela central próxima à base do labelo.

A planta fotografada aqui é de um espécime encontrado no Peru. As plantas do Brasil são mais onduladas e seu labelo, proporcionalmente menor, também com margens mais onduladas.

Trichopilia fragrans

Trichopilia laxa

Trichopilia laxa (Lindl.) Rchb.f. (1858); ****Pilumna laxa*** Lindl. (1844); ***Trichopilia reichenheimia*** Klotzsch (1855); ***Trichopilia laxa* var. *hartwegii*** Rchb.f. (1867); ***Trichopilia laxa* var. *flaveola*** Rchb.f. (1884); ***Trichopilia santoslimae*** Brade (1943).

Pseudobulbs 2.8-7 cm long x 1-3 cm wide
Leaves 10-20 cm long x 2-4.5 cm wide
Inflorescence 15 cm long
Flowers 4 cm across
Sepals 3-4 cm long x 0.5 cm wide
Petals 2.7-3.5 cm long x 0.5-0.5 cm wide
Lip 2.3-3.4 cm long x 1-2.4 cm wide
Column 1.5 cm long

From northern half of South America, Peru to Venezuela and Brazil in ES, RJ, at 500-1000 meters in elevation. Clustered plant. Pseudobulbs green, oval. Leaf one, long lanceolate, leathery but flexible, green. Inflorescence arching. Flowers 4-8. Flower sepals and petals green-white tinged with pink, lip cream. Sepals and petals oblong lanceolate. Lip orbicular with indentation at midlength, tubular at base, basal edges of lip approach lip to form tube, flat to slightly recurved at notched apex. Callus small midline keel at lip base.

Trichopilia laxa

Trichopilia laxa

Trichopilia santoslimae, found in Rio, is a larger plant

Trichopilia laxa

than the typical *T. laxa* with fewer but larger flowers, but still has the hourglass waist and notched apex and the callus and column as is typical of *T. laxa.*

***

Encontrada por quase todo o norte da América do Sul do Peru à Venezuela, e no ES e RJ no Brasil, entre 500 e 1000 metros de altitude. São plantas de crescimento cespitoso com pseudobulbos ovais, verdes, encimados por uma longa folha lanceolada, verde, espessa e pouco flexível. A inflorescência é arqueada, com quatro a oito flores de pétalas verde-claro, manchadas de rosa, e labelo creme. As sépalas e pétalas são oblongo-lanceolatas e o labelo orbicular, porém mais estreito na porção intermediária, tubular na base, plano ou levemente recurvado na extremidade. O calo é uma pequena lamela próxima à base do labelo.

A *Trichopilia santoslimae*, nativa do Rio de Janeiro, é uma planta maior que a *T. laxa* comum, com menos flores, mas maiores. No restante em tudo é igual à *T. laxa.* Parece-nos ser apenas uma variação populacional decorrente de seu isolamento.

Brasilidium crispum

The Gomesa Group

The last ten years have been a crazy period for the taxonomy of this group of species. Many authors have looked at the traits these species possess and published systems of classification. At times it has been the same authors who changed their minds later in press, and sometimes within the same year of the previous publication.

In 2008, Chase and Whitten, et al. released their data on the Oncidiinae which revealed amazing relationships and concepts. Rather than go back to the plants and see if the relationships now revealed could be matched with morphological relationships and patterns, Chase and Whitten chose to expand the concept of *Gomesa* and include species that historically have been in other genera. This concept of genus *Gomesa sensu* Chase will be disputed, not only for this group, but also for the other sections of the Oncidiinae, and indeed for many of Chase and Whitten, et al. taxonomic revisions they are currently proposing.

It is interesting that the cladogram in Fig 2 of Chase et al., Annals of Botany, actually list the "Brazilian" genus name, the name given to various groups of species by Brazilian taxonomists, in parentheses, and with just a bit of restructuring the "Brazilian" groups, one can have very workable and definable groups. Some segments of the cladogram show singleton species that don't fit within groups, which confirms their need to be separated taxonomically from groups, instead of persisting in trying to get them to "fit" where they don´t belong according to phylogeny.

The handicap that previous morphological taxonomists have with this *Gomesa* group is that "classical" taxonomy wants to consider flower characteristics in classification. In this group it turns out that floral characteristics and pollination strategies are not dependable to differentiate the various genera into usable classification schemes. To make the classification fit the DNA cladogram one must use vegetative characteristics. This requires knowledge of the plants, not just the flowers. Once you consider the vegetative plant parts carefully, patterns do emerge. The result is the key below.

Genera Orchidacearum 5 divides the genera of the *Gomesa* group (clade J) into subgroups or clades, and Brazil has representatives in all of them. The first subgroup has only the genus *Erycina* represented in Brazil. The second group, those species formally known as *Oncidium* and its relative *Gomesa* with a few minor other genera, are represented in this volume. The third and last clade is composed of diverse but well known genera such as *Rodriguezia*, *Comparettia*, *Macradenia*, *Ionopsis*, and *Capanemia*, which will be in the next volume.

Key to the genera:
1. Old apical leaves do not dehisce, pseudobulbs and leaves yellow-green - ***Nitidocidium***
1. Old leaves dehisce, go to **2**

2. Pseudobulbs about 2 cm long, go to **3**
   3. Rhizome long and thin - ***Rodrigueziopsis***
   3. Rhizome short and not thin – ***Carriella***
2. Pseudobulbs larger than 3 cm long, go to **4**
   4. Leaves very rigid, leaves will break if attempt to bend - ***Nohawilliamsia***
   4. Leaves malleable, go to **5**
      5. Leaves under 0.5 cm wide, grass-like - ***Ornithophora***
      5. Leaves otherwise, go to **6**
         6. Pseudobulb dark green, leaves dark green, pseudobulbs fusiform, cigar shaped - ***Baptistonia***
         6. Pseudobulb not cigar shaped, go to **7**
         7. Mature pseudobulbs with rugose surface with blackness in the rugae - ***Hardingia***
         7. Mature pseudobulbs without rugose surface with blackness on the surface, go to **8**
            8. Old pseudobulbs when desiccate have longitudinal furrows or ridges, go to **9**
               9. When the pseudobulb desiccates these is always have a central longitudinal keel that is prominent that forms in the middle of the pseudobulb causing the pseudobulb to be square on cross section - ***Alatiglossum***
               9. When pseudobulbs dehydrates surface develops longitudinal furrows without one keel being prominent, go to **10**
                  10. Pseudobulb light yellow-green leaves darker or true green - ***Coppensia***
                  10. Pseudobulb green, leaves same color sometimes red tinged - ***Brasilidium***
            8. Old pseudobulbs (when they become desiccated) are very leathery and diffusely wrinkled not longitudinally furrowed or ridged, go to **11**
               11. Basal leaf sheaths remain after dried, flowers mostly green - ***Gomesa***
               11. Basal leaf sheaths non persistent, flowers yellow with red markings - ***Campaccia***

***

Os últimos anos têm sido bastante confusos para este grupo de espécies. Muitos autores analizaram suas espécies e publicaram propostas para a divisão dos gêneros. Em alguns casos o mesmo autor mudou de idéia e publicou mais de uma proposta.

Em 2008, Chase, Whitten, et al. divulgaram dados sobre Oncidiinae que revelavam interessantes relacionamentos entre suas espécies. Em vez de combinarem os grupos revelados por suas pesquisas com a morfologia das plantas, de modo a formar gêneros bem definidos, preferiram expandir o conceito de *Gomesa* e incluir espécies que historicamente têm sido classificadas em gêneros diferentes. O hábito de propor gêneros enormes, com plantas de muitas morfologias diferentes, como o de *Gomesa sensu* Chase, está sendo discutido, não só neste grupo mas também em outros, originários de outros países, por outros taxonomistas.

É interessante notar que no cladograma, *Fig. 2 de Chase et al., Annals of Botany*, são relacionados em parênteses os nomes propostos para os gêneros pelos taxonomistas brasileiros. Seriam necessárias poucas alterações para transformá-los em gêneros bem definidos, que atendessem a ambos, filogenia e morfologia.

Tradicionalmente, as características florais têm sido utilizadas para separar e classificar as espécies. É interessante notar que, no caso deste grupo, em vez de usarmos as flores, as características vegetativas normalmente são tão marcantes que quase nunca é necessário vê-las para segarar as espécies em grupos que atendam a filogenia. O resultado é a chave mais adiante.

O grupo de gêneros ao qual aqui atribuímos o nome de *Gomesa* group, é constituido por três grandes clados. O Brasil tem representantes em todos eles. Do primeiro grupo, apenas o gênero *Erycina* existe no Brasil. O segundo grupo é formado pela grande maioria das espécies antigamente conhecidas no Brasil como *Oncidium*, além das *Gomesa* e outros gêneros menores, e é o conjunto de gêneros que tratamos neste volume. O terceiro e último clado é composto por gêneros diversos, alguns bem conhecidos, tais como, *Rodriguezia, Comparettia, Macradenia, Ionopsis, Capanemia*, e alguns outros gêneros menores e menos conhecidos que não estavam classificados como *Oncidium*, os quais discutiremos futuramente.

Chave de identificação dos gêneros:

1. Folhas velhas permanecem presas aos pseudobulbos - ***Nitidocidium***
1. Folhas velhas caem, ver **2**
    2. Pseudobulbos medem cerca de 2 cm de comprimento, ver **3**
        3. Rizoma longo e delicado - ***Rodrigueziopsis***
        3. Rizoma curto – ***Carriella***
    2. Pseudobulbos maiores que 3 cm de comprimento, ver **4**
        4. Folhas rígidas - ***Nohawilliamsia***
        4. Folhas maleáveis, ver **5**
            5. Folhas com até 0.5 cm de largura, com aparência de capim - ***Ornithophora***
            5. Folhas diferentes, ver **6**
                6. Pseudobulbo em formato de charuto - ***Baptistonia***
                6. Pseudobulbo de outro formato, ver **7**
                    7. Pseudobulbos maduros com superfície rugosa pintalgada de preto - ***Hardingia***
                    7. Pseudobulbos maduros sem superfície rugosa pintalgada de preto, ver **8**
                        8. Pseudobulbos antigos com ondulações ou quilhas logitudinais, ver **9**
                            9. Pseudobulbos antigos com uma quilha central proeminente formando quatro lados - ***Alatiglossum***
                            9. Pseudobulbos antigos com várias quilhas longitudinais, ver **10**
                                10. Pseudobulbo verde claro, folhas verdes ou amareladas - ***Coppensia***
                                10. Pseudobulbo e folha verde escuros ou avermelhados - ***Brasilidium***
                        8. Pseudobulbos antigos sem ondulações ou quilhas logitudinais, ver **11**
                            11. Baínhas basais secas persistentes, flores parcialmente verdes - ***Gomesa***
                            11. Baínhas basais secas desaparecem, flores amarelas com marcas vermelhas - ***Campaccia***

Alatiglossum

Alatiglossum uniflorum

Alatiglossum

Alatiglossum Baptista (2006). Type: **Oncidium barbatum* Lindl. (1821). = *Alatiglossum barbatum* (Lindl.) Baptista, 87 (2006). ***Kleberiella*** V.P. Castro & Catharino (2006); ***Neoruschia*** V.P. Castro & Catharino (2006).

The *Alatiglossum* are a group of species with showy yellow flowers. Their pseudobulbs are conspicuous, covered only basally by sheathes, and the sheathes often produce a rudimentary leaf at their apex. The pseudobulbs are either fusiform or oval, most are pear shaped and slightly compressed. When young and well hydrated, the pseudobulbs are elliptic in cross-section, however, when they desiccate they develop longitudinal ridges, the center ridge of the bulb being the most prominent so that the pseudobulb develops a square or diamond shape on cross section. The pseudobulbs have one or two true leaves at the apex of the pseudobulb. The flexible leaves and pseudobulb are light green to green.

The open, fairly flat flowers of this genus have brown or red-brown markings. The lateral sepals are fused to varying degrees. The three-lobed lip is showy, the lateral lobes are usually large, sometimes larger than the medial lobe. The callus disk area under the warty callus is a brown or brown-red band extending laterally to the disc margin often with a fimbriate or dentate margin. The column has lateral wings held parallel (at the sides) to the stigma, and the stigma is very open (a ball cut in half). Basal to the column in the infrastigmatic tabula there are sometimes two lamella, sometimes a sulcus, or sometimes a narrowing to the column, and this area, though often not described in the descriptions, has been carefully drawn and has allowed us synonymize many earlier descriptions of species in this genus with species seen today.

Key to the species:

1. Pseudobulbs fusiform (ca. 1-2.5 cm long), lip markedly pandurate, lateral lobes small and triangular - ***A. cogniauxianum***
1. Pseudobulbs oval or oblong, flattened (ca. 3-6 cm long), lip otherwise, go to **2**
    2. Scandent rhizome (pseudobulbs spaced), go to **3**
        3. Lateral sepals much longer than the lip - ***A. uniflorum***
        3. Lateral sepal equal or shorter than the lip - ***A. croesus***
    2. Clumping rhizome, go to **4**
        4. Callus disc (central portion of lip under the callus) apical margins ciliate or fimbriate, go to **5**
            5. Petals large, yellow, brown or pink at base of petals - ***A. chrysopteranthum***
            5. Petals barred brown, go to **6**
                6. Panduriform (fiddle shaped) medial lip lobe with long isthmus - ***A. herzogii***
                6. Medial lip lobe isthmus short, go to **7**
                    7. Lateral lobes large, very short medial lobe, column uniform width along length with two longitudinal lamella below stigma - ***A. barbatum***
                    7. Three lip lobes approx. equal size, base of column narrow to stigma without lamella on ventral surface - ***A. ciliatum***
        4. Callus disc margins dentate but not fimbriate, go to **8**
            8. Petals ovate, more or less same size, shape, and color as dorsal sepal, but not distinct isthmus a base - ***A. micropogon***
            8. Petals wider than dorsal sepal with narrow isthmus at base, go to **9**
                9. Petals with notched at apex - ***A. chrysopterum***
                9. Petals with rounded or acute apex, go to **10**
                    10. Little to no isthmus between callus disc and medial lobe - ***A. culuenense***
                    10. Obvious narrowing between callus disc and medial lobe - ***A. macropetalum***

***

Alatiglossum é formado por espécies com flores vistosas amarelas; de pseudobulbos fusiformes ou ovais, quase sempre lateralmente comprimidos, sempre parcialmente recobertos por bainhas foliares basais. Quando novos, os pseudobulbos têm secção elíptica, porém quando antigos, desenvolvem ondulações logitudinais, sendo uma delas mais notável, o que confere aos pseudobulbos um formato mais ou menos losangular, ou de diamante. São verdes ou verde-claros e comportam uma ou duas folhas da mesma cor.

As flores são bem explanadas e vistosas, ocasionalmente com marcas marrons ou vermelhas. As sépalas laterais são variavelmente fundidas. O labelo é vistoso, com lobos laterais normalmente grandes, por vezes maiores que o intermediário; na área inferior do calo, que é bastante verrucoso, apresentam marcas marrons ou avermelhadas que normalmente expandem-se em direção aos lobos laterais; e habitualmente apresentam margens parcialmente denteadas ou fimbriadas. A coluna tem asas ao lado do estigma, e este é bastante aberto e semi-circular. Na base da coluna existe uma estrutura, chamada tábula infra-estigmática, geralmente composta por duas lamelas, ocasionalmente um sulco, ou apenas um estreitamento da coluna. Esta área, normalmente ignorada nas descrições, apesar de sempre bem ilustrada, foi o que nos permitiu esclarecer algumas espécies antigas e seus sinônimos.

Chave de identificação das espécies:

1. Pseudobulbos fusiformes, 1 a 2,5 cm de comprimento, labelo em leque, lobos laterais pequenos e triangulares - ***A. cogniauxianum***

1. Pseudobulbos ovais ou oblongos, achatados, 3 a 6 cm de comprimento, labelo diferente, ver **2**

  2. Rizoma escandente, pseudobulbos mais ou menos afastados, ver **3**

    3. Sépalas laterais mais longas que o labelo - ***A. uniflorum***

    3. Sépalas laterais mais curtas ou do mesmo comprimento do labelo - ***A. croesus***

  2. Rizoma curto, pseudobulbos mais agregados, ver **4**

    4. Porção central do labelo com margens ciliadas ou fimbriadas, ver **5**

      5. Pétalas largas, amarelas, marrons ou rosa na base - ***A. chrysopteranthum***

      5. Pétalas listradas ou maculadas com marrom, ver **6**

        6. Lobo intermediário panduriforme com istmo longo - ***A. herzogii***

        6. Lobo intermediário com istmo curto, ver **7**

          7. Lobos laterais grandes, intermediário pequeno, coluna uniforme com duas lamelas ventrais na base - ***A. barbatum***

          7. Todos lobos aproximadamente do mesmo tamanho, base da coluna estreita sem lamelas na base - ***A. ciliatum***

    4. Porção central do labelo com margens denteadas, não fimbriadas, ver **8**

      8. Pétalas alongadas mais ou menos do mesmo tamanho, formato e cor da sépala dorsal, sem istmo distinto na base - ***A. micropogon***

      8. Pétalas mais largas que a sépala dorsal, com istmo estreito na base, ver **9**

        9. Pétalas fendidas no ápice - ***A. chrysopterum***

        9. Pétalas com ápice agudo ou redondo, ver **10**

          10. Istmo pequeno ou ausente entre o disco central e lobo intermediário do labelo - ***A. culuenense***

          10. Estreitamento óbvio entre o disco central e lobo intermediário do labelo - ***A. macropetalum***

Alatiglossum barbatum

Alatiglossum barbatum (Lindl.) Baptista (2006); ***Oncidium barbatum*** Lindl. (1821); ***Oncidium microglossum*** Klotzsch (1855); ***Oncidium barbatum* var. *verum*** Lindl. (1855); ***Oncidium suscephalum*** Barb.Rodr. (1881); ***Oncidium micropogon* var. *bahiense*** Cogn. (1905); ***Oncidium johnianum*** Schltr. (1906); ***Oncidium blossfeldianum*** Schltr. (1915); ***Oncidium bahiense*** (Cogn.) Schltr. (1921); ***Oncidium barbatum* var. *johnianum*** (Schltr.) Kraenzl. (1922); ***Oncidium barbatum* var. *labiosum*** W.Zimm. (1934); ***Oncidium barbatum* subsp. *microglossum*** (Klotzsch) W.Zimm. 6 (1934); ***Gomesa barbata*** (Lindl.) M.W.Chase & N.H.Williams (2009);

Alatiglossum barbatum

Pseudobulbs 3-6 cm long, 2-3.5 cm wide
Leaves 6-10 cm long x 1.5-2 cm wide
Inflorescence 30-70 cm or more long
Flowers 2 cm wide
Sepals 1 cm long x 0.5 cm wide, lateral sepals 1.2 cm long x 0.5 cm wide
Petals 1 cm long x 0.5 cm wide
Lip 0.9 cm long x 1.8 cm wide
Column 0.5 cm long

Alatiglossum barbatum

From CE, PI, at 100 - 600 meters in elevation, growing epiphytically. Pseudobulbs elliptic with 1-2 leaves. Inflorescence semi-erect with up to 10 flowers. Flower yellow, sepals barred or blotched with orange-brown, callus with orange-brown spotting. Sepals and petals spatulate with an isthmus, lateral sepals fused a base, diverging. Lip three lobed, lateral lobes large, oval, medial lobe very small, reniform with a long isthmus. Central portion of lip with triangular callus disc with fimbriate margins apically. Basal callus a plate with bifurcating apex and below the plate lateral protuberances. Column with two broad basal longitudinal lamellae at the infrastigmatic tabula that extend ¾ length to base of column and small acute wings lateral to stigma.

***

Alatiglossum barbatum

Encontrado no Ceará e Piaui entre 100 e 600 metros de altitude, epífita. Apresenta pseudobulbos elípticos, com até duas folhas, e inflorescência semi-ereta com

Alatiglossum barbatum

até dez flores amarelas, de sépalas, pétalas, e calo manchados de marrom. As sépalas e pétalas são espatuladas e bastante estreitas na base. As sépalas laterais são divergentes, fundidas na base; os lobos laterais do labelo, grandes e ovais; o intermediário bem pequeno, com longo istmo. A porção central do labelo tem as margens fimbriadas, com calo central triangular, do qual emergem uma carena central mais comprida e protuberâncias laterais. A coluna tem duas lamelas largas que se estendem por três quartos do comprimento, até o estigma, e duas pequenas asas triangulares ao lado deste.

Alatiglossum chrysopteranthum

Alatiglossum chrysopteranthum

Alatiglossum chrysopteranthum

Alatiglossum chrysopteranthum (Lückel) Baptista (2006); ***Oncidium micropogon* var. *chrysopterum*** Rchb.f. (1855); ***Oncidium psyche*** Schltr. (1921); ***Oncidium reisii*** Hoehne & Schltr. (1926); ***Oncidium chrysopteranthum*** Lückel (1998); ***Alatiglossum psyche*** (Schltr.) Baptista (2006); ***Gomesa chrysopterantha*** (Lückel) M.W.Chase & N.H.Williams (2009); ***Gomesa psyche*** (Schltr.) M.W.Chase & N.H.Williams (2009).

Pseudobulbs 4 cm long, 2.5-3 cm wide
Leaves 11 cm long x 3 cm wide
Inflorescence 50 cm or more long
Flowers 2 cm wide
Sepals 1.5 cm long x 0.7 cm wide, lateral sepals 2 cm long x 0.6-0.8 cm wide
Petals 1.5-1.8 cm long x 0.8 cm wide
Lip 1 cm long x 2 cm wide
Column 0.5 cm long

From SP, PR, SC, RS, at 50-300 meters in elevation, growing epiphytically. Pseudobulbs elliptic with 2-3 leaves. Inflorescence semi-erect with up to 15 flowers. Flower yellow, sepals barred or blotched with orange-brown, petals with pink blush at base, callus with orange-brown spotting. Sepals elliptic and petals obovate with an isthmus, bilaterally notched mid length, lateral sepals fused to ¼ length. Lip wedge shaped. Basal callus a plate with an acute apex and below the plate lateral protuberances and the apical callus is below the apical end of the basal callus composed of warty protuberances. Callus disc dentate at apical margins. Column with two broad basal longitudinal lamellae at the infrastigmatic tabula and small acute wings lateral to stigma.

Oncidium psyche is known only by the type drawing which shows lateral sepals fused to ¾ length and the lip is slightly more narrow, but has the same column lamella, wings, and callus shape as *Alatiglossum chrysopteranthum*.

Alatiglossum chrysopteranthum

***

Encontrado em SP, PR, SC e RS, entre 50 e 300 metros de altitude, epífita. Apresenta pseudobulbos elípticos com até três folhas. A inflorescência é semi-ereta com até quinze flores amarelas, de pétalas pintadas de marrom, com marcas marrom ou rosa na base, e calo com marcas marrons. As sépalas são elípticas; as laterais fundidas por um quarto do comprimento; e as pétalas, obovadas, com fendas ou estreitamentos laterais. O labelo tem formato de leque com margens laterais serrilhadas acima do istmo, e o calo é uma placa de ápice agudo, com protuberâncias laterais, encimada por duas ou mais protuberâncias verrucosas. A coluna tem duas lamelas largas na base e pequenas asas agudas laterais ao estigma.

Alatiglossum chrysopteranthum

O *Oncidium psyche* é conhecido apenas pela ilustração original que mostra sépalas laterais fundidas por três quartos do comprimento, e labelo levemente mais estreito, mas com a mesma coluna e calos do *A. chrysopteranthum*.

Alatiglossum chrysopteranthum

Alatiglossum chrysopterum

Alatiglossum chrysopterum

Alatiglossum chrysopterum

Alatiglossum chrysopterum

Alatiglossum chrysopterum (Lindl.) Baptista (2006); ***Oncidium macropetalum* var. *chrysopterum*** Lindl. (1855); ***Gomesa chrysoptera*** (Lindl.) M.W.Chase & N.H.Williams (2009).

Pseudobulbs 4 cm long, 2.5-3 cm wide
Leaves 11 cm long x 3 cm wide
Inflorescence 50 cm or more long
Flowers 2 cm wide
Sepals 0.6 cm long x 0.3 cm wide, lateral sepals 2 cm long x 0.6-0.8 cm wide
Petals 0.9 cm long x 0.8 cm wide
Lip 1.4 cm long x 1.1 cm wide
Column 0.5 cm long

From RO, MT, at 200-600 meters in elevation, growing epiphytically. Pseudobulbs elliptic with 1-3 leaves. Inflorescence semi-erect with up to 15 flowers. Flower yellow, sepals heavily blotched with orange-brown, petals orange-brown at base, callus with orange-brown spotting. Sepals spatulate, petals obovate with an isthmus, bilaterally notched midlength, lateral sepals fused to ½ length. Lip three lobed, lateral lobes acinaciform (curved short sword shape), lip midlobe pandurate with apical notch. Midlobe disc of lip triangular with dentate edges apically. Basal callus a plate with an acute apex and below the plate lateral protuberances and the apical callus is just below the apical end of the basal callus composed of many warty protuberances. Column with lamella only at the base of the column and large truncate irregular margined wings lateral to stigma.

***

Encontrado em RO e MT, entre 200 e 600 metros de altitude, epífita. Apresenta pseudobulbos elípticos com até três folhas. A inflorescência é semi-ereta com até quinze flores amarelas de sépalas pintadas de marrom; pétalas com marcas marrom ou rosa na base e calo com marcas marrons. As sépalas são espatuladas, as laterais fundidas por até metade do comprimento, e as pétalas obovadas com fendas ou estreitamentos laterais e apical. O labelo tem lobos laterais mais estreitos que as espécies similares, e agudos na extremidade; o lobo intermediário tem formato de leque, com fenda central, e margens laterais serrilhadas acima do istmo. O calo é uma placa de ápice agudo, com protuberâncias laterais, encimada por duas ou mais protuberâncias verrucosas. A coluna tem lamelas largas só na base, e grandes asas truncadas de margens irregulares ao lado do estigma.

Alatiglossum chrysopterum

Alatiglossum ciliatum

Alatiglossum ciliatum (Lindl.) Baptista (2006); ****Oncidium ciliatum*** Lindl. (1833); ***Oncidium ciliolatum*** Hoffmanns. (1843); ***Oncidium fimbriatum*** Hoffmanns. (1843), *nom. illeg.*; ***Oncidium subciliatum*** Hoffmanns. (1843); ***Oncidium ciliatulum*** Hoffmanns. ex Lindl. (1855); ***Oncidium barbatum* var. *ciliatum*** (Lindl.) Lindl. (1855); ***Oncidium trichodes*** Lindl. (1855); ***Oncidium barbatum* var. *fimbriatum*** Lindl. (1855); ***Alatiglossum trichodes*** (Lindl.) Baptista (2006); ***Gomesa ciliata*** (Lindl.) M.W.Chase & N.H.Williams (2009); ***Gomesa trichodes*** (Lindl.) M.W.Chase & N.H.Williams (2009).

Pseudobulbs 3-7 cm long x 4 cm wide
Leaves 6-12 cm long x 2-3 cm wide
Inflorescence 30-60 cm or more long
Flowers 2 cm wide
Sepals 1 cm long x 0.5 cm wide, lateral sepals 1.2 cm long x 0.5 cm wide
Petals 1 cm long x 0.5 cm wide
Lip 1.3 cm long x 1.9 cm wide
Column 0.5 cm long

From BA, ES, MG, RJ, SP at 100-700 meters in elevation, growing epiphytically. Pseudobulbs elliptic with 1-2 leaves. Inflorescence semi-erect with up to 10 flowers. Flower yellow, sepals barred or blotched with orange-brown, callus with orange-brown spotting. Sepals and petals spatulate with an isthmus, lateral sepals fused to ¼ length, diverging. Lip three lobed, lateral lobes large, oval, medial lobe same size

Alatiglossum chrysopterum

Alatiglossum ciliatum

Alatiglossum ciliatum

Alatiglossum ciliatum

Alatiglossum ciliatum

as lateral lobes, reniform with a long isthmus. Central portion of lip disc triangular with fimbriate margins apically, basal callus three more or less fused lamella forming a plate that projects forward, and below the plate are lateral protuberances. Column club shaped, the stigma and anther portion of column much wider than narrower base with small blunt wings lateral to stigma.

Alatiglossum trichodes, from PA, has a smaller lip midlobe and the lateral lobes, rather than being oval, are more obovate. The sepals and petals are also acuminate and lanceolate, rather than spatulate and rounded at the apex as *A. ciliatum*, and the lateral sepals are said to be free. The callus is the same basic structure as *A. ciliatum* and the column is narrow at the base widening at the stigma, just as in *A. ciliatum*. We feel this is likely variation due to geographical isolation and not enough to keep it as a separate species.

***

Encontrado na BA, ES, MG, RJ e SP entre 100 e 700 metros de altitude, epífita. Apresenta pseudobulbos elípticos com até duas folhas. A inflorescência é semi-ereta com até dez flores amarelas, de sépalas, pétalas e calo pintados de marrom. As sépalas e pétalas são espatuladas; as sépalas laterais, divergentes, fundidas por um quarto do comprimento. O labelo tem lobos laterais grandes, ovais; e intermediário do mesmo tamanho, reniforme, com margens laterais fimbriadas acima do istmo. O calo é formado por pelo menos três lamelas mais ou menos fundidas, e por protuberâncias laterais. A porção distal de coluna é muito mais larga que a basal e apresenta asas arredondadas de margens lisas laterais ao estigma.

O *Alatiglossum trichodes*, do Pará, tem o lobo médio do labelo menor e os laterais mais obovados. As sépalas e pétalas são lanceoladas e, aparentemente, as sépalas laterais são livres. O calo e coluna são similares aos do *A. ciliatum*. Consideramos esta espécie apenas uma variação populacional.

Alatiglossum cogniauxianum

Alatiglossum cogniauxianum (Schltr.) Baptista (2006); ****Oncidium cogniauxianum*** Schltr. (1921); ***Oncidium gracillimum*** Cogn. (1906), *nom. illeg.*; ***Oncidium alfredii*** Kraenzl. (1922), *nom. illeg.*; ***Oncidium zikanianum*** Hoehne & Schltr. (1926); ***Oncidium hoehneanum*** Schltr. ex Mansf. (1930); ***Neoruschia cogniauxiana*** (Schltr.) Cath. & V.P.Castro (2006); ***Gomesa gracillima*** (Schltr.) M.W.Chase & N.H.Williams (2009); ***Gomesa cogniauxiana*** (Schltr.) M.W.Chase & N.H.Williams (2009).

Alatiglossum cogniauxianum

Pseudobulbs 1-1.5 cm long x 0.5-0.8 cm wide
Leaves 6-11 cm long x 0.5-0.8 cm wide
Inflorescence 5-7 cm long
Flowers 1 cm wide
Sepals 0.6 cm long x 0.2 cm wide, lateral sepals 0.8 cm long x 0.2 cm wide
Petals 0.6 cm long x 0.2 cm wide
Lip 1.1 cm long x 0.8 cm wide
Column 0.3 cm long

Alatiglossum cogniauxianum

From RJ, SP, PR at 100-1500 meters in elevation, growing epiphytically. Pseudobulbs clumped, filiform, with 1-2 leaves. Inflorescence semi-pendent with up to 15 flowers. Flower yellow, sepals and petals with one brown-red bar, callus yellow with orange-brown markings, protuberances tipped white. Sepals and petals elliptic, acute, lateral sepals free or minimally fused, diverging. Lip three lobed, lateral lobes triangular, central portion of lip with a triangular callus disc with fimbriate margins, isthmus to midlobe lobe long, midlobe reniform. Callus two semicircular rows of protuberances. Column with minimal wings and a two longitudinal lamellae form a raised area basal to stigma.

***

Alatiglossum cogniauxianum

Encontrado no RJ, SP e PR, entre 100 e 1.500 metros de altitude, epífita. Apresenta pseudobulbos mais ou menos aglomerados, estreitos, com até duas folhas. A inflorescência é arqueada, com até quinze flores amarelas, marcadas em marrom avermelhado. As sépalas e pétalas são elípticas, agudas; sépalas laterais, fundidas só na base, divergentes.

Alatiglossum cogniauxianum

Alatiglossum croesus

Alatiglossum croesus

O labelo apresenta um disco central de margens fimbriadas com longo istmo ligando-o ao lobo intermediário, os lobos laterais são triangulares, e o intermediário, longo e reniforme. O calo é formado por duas carreiras semi-circulares de protuberâncias. A coluna tem asas minúsculas e duas lamelas longitudinais elevadas na tábula infra-estigmática.

Alatiglossum croesus

Alatiglossum croesus (Rchb.f.) Baptista; ****Oncidium croesus*** Rchb.f. (1857); ***Oncidium eurycline*** Rchb.f. (1883); ***Oncidium longipes* var. *croesus*** (Rchb.f.) H.J.Veitch (1892); ***Kleberiella croesa*** (Rchb. f.) V.P. Castro & Cath. (2006); ***Gomesa croesus*** (Rchb.f.) M.W.Chase & N.H.Williams (2009); ***Gomesa eurycline*** (Rchb.f.) M.W.Chase & N.H.Williams (2009).

Pseudobulbs 3-3.5 cm long x 1-1.2 cm wide
Leaves 6-9 cm long x 0.8-1.2 cm wide
Inflorescence 8-10 cm or more long
Flowers 2 cm wide
Sepals 1.0-1.3 cm long x 0.4 cm wide, lateral sepals 1.3-1.7 cm long x 0.3-0.4 cm wide
Petals 1-1.2 cm long x 0.5-0.7 cm wide
Lip 1.2-1.5 cm long x 1.4-1.7 cm wide
Column 0.5 cm long

From RJ, at 400-600 meters in elevation, growing epiphytically. Pseudobulbs clumped, elliptic, slightly flattened with 1-2 leaves. Inflorescence erect with up to 2-4 flowers. Flower yellow, sepals and petals heavily barred shiny red-brown in bars, callus yellow with brown markings. Sepals lanceolate and petals obovate, lateral sepals fused to 1/4 length, lip three lobed, lateral lobes oval large, isthmus to midlobe short, midlobe oval, notched. Callus a raised mass basally with digitiform projection apically. Column with no to minimal wings and a shinny raised area below stigma.

***

Encontrado no Rio de Janeiro, entre 400 e 600 metros de altitude, epífita. Apresenta pseudobulbos mais ou menos aglomerados, achatados, elípticos, com até duas folhas. A inflorescência é ereta, com até quatro flores marrons, de labelo amarelo, com grande mancha avermelhada ao redor do calo. As sépalas são lanceoladas, as laterais fundidas até um quarto do comprimento; e as pétalas, obovadas. Os lobos laterais do labelo são grandes, ovais. O lobo central, oval, com pequena fenda no ápice. O calo apresenta diversas projeções digitiformes. A coluna tem asas quase imperceptíveis e um espessamento brilhante abaixo do estigma.

Alatiglossum croesus

Alatiglossum culuenense

Alatiglossum culuenense Docha Neto & Benelli (2006); ***Oncidium culuenense*** (Docha Neto & Benelli) Königer (2008); ***Gomesa culuenense*** (Docha Neto & Benelli) Lueckel (2010).

Pseudobulbs 5.5 cm long x 2.2 cm wide
Leaves 15 cm long x 3.2 cm wide
Inflorescence 30 cm or more long
Sepals 1.1 cm long x 0.5 cm wide, lateral sepals 1.7 cm long x 0.5 cm wide
Petals 1.7 cm long x 1.3 cm wide
Lip 1.5 cm long x 1.5 cm wide
Column 0.6 cm long

Alatiglossum culuenense

From PA, MT, at 500-600 meters in elevation, growing epiphytically. Pseudobulbs elliptic with two rigid leaves. Inflorescence erect with 10 flowers. Flower yellow, sepals blotched with orange brown, petals orange brown at base, callus with orange brown spotting. The sepals elliptic and petals oval with an isthmus, lateral sepals fused ¼ length. Lip three lobed, lateral lobes oval, midlobe reniform to ovate with no isthmus, notched at apex. Midlobe portion of lip triangular with dentate edges apically. Basal callus 3 longitudinal lamella apically forming protuberances and basally more protuberances. Column base with flat anterior surface and square wings lateral to stigma.

***

Alatiglossum culuenense

Encontrado no PA e MT, entre 500 e 600 metros de altitude, epífita. Apresenta pseudobulbos elípticos, verde acinzentados claros, com duas folhas. Inflorescência ereta, com até dez flores amarelas, com

Alatiglossum herzogii

sépalas manchadas de marrom-alaranjado, e pétalas e calo dessa cor nas bases. As sépalas são elípticas; pétalas ovais; as sépalas laterais, fundidas por um quatro co comprimento. O labelo tem lobos laterais ovais; e lobo intermediário reniforme a oval, sem istmo, fendido no ápice, e margens fimbriadas na área triangular onde situa-se o calo. O calo é composto por três lamelas longitudinais, com protuberâncias laterais e nas extremidades. A coluna, com asas retangulares, apresenta tábula infra-estigmática plana.

Alatiglossum herzogii

Alatiglossum herzogii (Schltr.) Docha Neto (2007); ****Oncidium herzogii*** Schltr. (1913); ***Oncidium emilii*** Schltr. (1920); ***Alatiglossum emilii*** (Schltr.) Baptista (2006); ***Gomesa emilii*** (Schltr.) M.W.Chase & N.H.Williams (2009); ***Gomesa herzogii*** (Schltr.) Lueckel (2010).

Pseudobulbs 3.5 cm long x 2 cm wide
Leaves 6-7 cm long x 2 cm wide
Inflorescence 20 cm or more long
Flowers 2 cm wide
Sepals 0.8 cm long x 0.5 cm wide, lateral sepals 1.4 cm long x 0.3 cm wide
Petals 0.8 cm long x 0.5 cm wide
Lip 1.5 cm long x 1.0 cm wide
Column 0.5 cm long

Alatiglossum herzogii

From Bolivia, Paraguay, Argentina, and in Brazil MS at 300-800 meters in elevation, growing epiphytically. Pseudobulbs light grey-green, elliptic with 1 leaf. Inflorescence semi-erect with up to 10 flowers. Flower yellow, sepals barred or blotched with orange-brown, callus with orange-brown spotting. Sepals ovate and petals ovate with an isthmus, lateral sepals fused a base, diverging. Lip three lobed, lateral lobes elongate rounded at apex, media lobe pandurate with long isthmus. Central portion of lip a callus disc shaped like a small triangle with fimbriate margins apically. The basal callus of three lamella, the central one longest, and below the longest at the apical end are lateral protuberances. Column with no wings lateral to stigma and a raised plate basal to the stigma.

Alatiglossum herzogii

Encontrado na Bolívia, Paraguai, Argentina, e no Mato Grosso do Sul, entre 300 e 800 metros de altitude, epífita. Apresenta pseudobulbos elípticos, verde acinzentados claros, com uma folha. A inflorescência é arqueada, com até dez flores marrons de labelo amarelo, e calo marcado em marrom. As sépalas e pétalas são ovais; as sépalas laterais, divergentes, fundidas na base. O labelo tem lobos laterais alongados e arredondados no ápice; e lobo intermediário em leque, com istmo longo, e margens fimbriadas na área do calo. O calo é composto por três lamelas, a central mais longa com protuberâncias laterais na extremidade. A coluna, com asas inconspícuas, apresenta espessamento abaixo do estigma.

Alatiglossum herzogii

Alatiglossum macropetalum

Alatiglossum macropetalum (Lindl.) Baptista (2006); ****Oncidium macropetalum*** Lindl. (1841); ****Oncidium macropetalum* var. *fuscopetalum*** Hoehne (1910); ***Oncidium fuscopetalum*** (Hoehne) Garay & Stacy (1974); ***Oncidium macropetalum* var. *micranthum*** Pabst (1977); ***Alatiglossum fuscopetalum*** (Hoehne.) Baptista, (2006); ***Gomesa fuscopetala*** (Hoehne) M.W.Chase & N.H.Williams (2009); ***Gomesa macropetala*** (Lindl.) M.W.Chase & N.H.Williams (2009).

Alatiglossum macropetalum

Pseudobulbs 2.5-5.5 cm long x 1-2.2 cm wide
Leaves 6-15 cm long x 1.5-3.2 cm wide
Inflorescence up to 35 cm long
Flowers 2 cm wide
Dorsal sepal 0.8-1.1 cm long x 0.3-0.5 cm wide,
Lateral sepals 0.8-2 cm long x 0.3-0.5 cm wide
Petals 1-1.7 cm long x 0.5-1.3 cm wide
Lip 1.2-1.5 cm long x 1.2-1.5 cm wide
Column 0.5 cm long

Alatiglossum macropetalum

From MT, MS, GO, MG, SP, at 200-300 meters in elevation, growing epiphytically. Pseudobulbs elliptic with 1-2 leaves. Inflorescence arching with up to 10-15 flowers. Flower yellow; sepals blotched with orange-brown, petals orange-brown-red at base, callus with orange-brown spotting. Sepals spatulate to elliptic and petals oval, both with an isthmus, lateral sepals fused only at base or up to ¼ length. Lip three lobed, lateral lobes elliptic to oval, midlobe reniform

Alatiglossum macropetatum

or triangular to ovate, notched at apex. Midlobe portion of lip disc triangular with dentate edges apically. Basal callus a plate of fused protuberances, the medial callus forms a lamella apically that bifurcates at its apex, and below the plate are lateral protuberances. Column with small wings lateral to stigma. The two lamella of the column infrastigmatic tabula area extend basally from the stigma to less than ½ the column length.

A. macropetalum - fuscopetalum

Alatiglossum fuscopetalum is a variation with narrower petals and slightly smaller flowers. The petals instead of being yellow and flat are brown or barred brown and reflexed and contorted. The callus and the column are the same as *A. macropetalum*. Interesting is that both are commonly reported in the same population of plants, which increases the strength of the argument that they are should be synonyms.

***

Alatiglossum macropetalum

Encontrado no MT, MS, GO, MG e SP, entre 200 e 300 metros de altitude, epífita. Apresenta pseudobulbos elípticos com até duas folhas. A inflorescência é arqueada, com até quinze flores amarelas, de sépalas e calo pintados de marrom, e pétalas com marcas marrom na base. As sépalas são de espatuladas a elípticas, as laterais divergentes, fundidas por um quarto do comprimento; e as pétalas, ovais. O labelo tem lobos laterais grandes, de ovais a elípticos; e intermediário do mesmo tamanho, de reniforme a oval, com pequena fenda no ápice, e margens laterais serrilhadas acima do istmo. O calo é formado pela fusão de diversas protuberâncias, com protuberâncias isoladas na lateral e uma lamela central que bifurca no ápice. A coluna apresenta pequenas asas dos lados do estigma e duas lamelas infra-estigmáticas que se estendem por menos que a metade do comprimento da coluna.

O *Alatiglossum fuscopetalum* é uma variação de flores um pouco menores, com pétalas mais estreitas e marrons. O labelo, calo, sépalas e coluna são exatamente iguais aos do *A. macropetalum*. É interessante que ambos são quase sempre encontrados juntos, o que reforça o argumento de que possam ser sinônimos.

Alatiglossum micropogon

Alatiglossum micropogon (Rchb.f.) Baptista, (2006); ****Oncidium micropogon*** Rchb.f. (1854); ***Oncidium barbatum*** Lindl. & Paxton (1851), *nom. illeg*; ***Oncidium dentatum*** Klotzsch, (1855); ***Gomesa micropogon*** (Rchb.f.) M.W.Chase & N.H.Williams (2009).

Pseudobulbs 2.5-5.5 cm long x 1-2.2 cm wide
Leaves 6-15 cm long x 1.5-3.2 cm wide
Inflorescence up to 35 cm long
Flowers 3.8 cm wide
Sepals 2.1 cm long x 0.8 cm wide, lateral sepals 2.7 cm long x 0.7 cm wide
Petals 2.1 cm long x 1.6 cm wide
Lip 2.8 cm long x 1.7 cm wide
Column 1 cm long

From PA, MT, TO, PI, MA, BA, ES, RJ, SP, PR, SC, RS, at 100-600 meters in elevation, growing epiphytically. Pseudobulbs elliptic with one leaf. Inflorescence arching with up to 10 flowers. Flower yellow; sepals and petals blotched and barred with faded orange-brown, callus with orange spotting. Sepals elliptic and petals ovate, lateral sepals fused only at base or up to ¼ length. Lip three lobed, lateral lobes elliptic to oval, often larger than midlobe, midlobe reniform or triangular to ovate, notched or apiculate at apex. Midlobe portion of lip disc triangular with dentate edges apically. Basal callus a plate of fused protuberances, the medial callus forms a lamella that bifurcates apically. Column with small wings lateral to stigma. The two broad lamella of the column infrastigmatic tabula area extend basally from the stigma to the base of the column.

***

Alatiglossum micropogon

Alatiglossum micropogon

Alatiglossum micropogon

Alatiglossum uniflorum

Alatiglossum uniflorum

Alatiglossum uniflorum

Encontrado no PA, MT, TO, PI, MA, BA, ES, RJ, SP, PR, SC e RS, entre 100 e 600 metros de altitude, epífita. Apresenta pseudobulbos monofoliados elípticos. A inflorescência é arqueada, com até dez flores amarelas, de sépalas e pétalas com marcas esmaecidas marrom alaranjado, e calo pintados de laranja. As sépalas são elípticas; as laterais, divergentes, fundidas só na base ou até um quarto do comprimento. As pétalas são ovais. O labelo tem lobos laterais grandes, de ovais a elípticos; e intermediário frequentemente menor, de reniforme a oval, com pequena fenda no ápice, e margens laterais serrilhadas acima do istmo. O calo é formado pela fusão de diversas protuberâncias e uma lamela central que bifurca no ápice. A coluna apresenta asas pequenas aos lados do estigma, e duas largas lamelas infra-estigmáticas que se estendem até a base da coluna.

Alatiglossum uniflorum

Alatiglossum uniflorum (Booth ex Lindl.) Baptista (2006); ****Oncidium uniflorum*** Booth ex Lindl. (1843); ***Oncidium longipes*** Lindley (1850); ***Oncidium janeirense*** Rchb.f. (1854); ***Oncidium oxyacanthosmum*** Rchb.f. ex Linden (1855); ***Oncidium uniflorum* var. *robustum*** Regel (1856); ***Oncidium longipes* var. *monophyllum*** Regel (1863); ***Oncidium biflorum*** Barb.Rodr. (1881); ***Oncidium unicolor*** Rolfe (1893); ***Oncidium hassleri*** Cogn. (1906); ***Oncidium monophyllum*** (Regel) Herter (1956); ***Oncidium regentii*** V.P. Castro & Cath. (2005); ***Kleberiella longipes*** (Lindley) V.P. Castro & Cath. (2006); ***Oncidium bohnkianum*** V.P.Castro & G.F.Carr (2006); ***Kleberiella regentii*** (V.P.Castro & G.F.Carr) V.P.Castro & Cath. (2006); ***Kleberiella unicolor*** (Rolfe) V.P.Castro & Cath. (2006); ***Kleberiella uniflora*** (Booth ex Lindl.) V.P.Castro & Cath. (2006); ***Alatiglossum longipes*** (Lindl.) Baptista (2006); ***Alatiglossum unicolor*** (Rolfe) Baptista (2006); ***Alatiglossum bohnkianum*** (V.P.Castro & G.F.Carr) Baptista (2007); ***Alatiglossum regentii*** (V.P. Castro & Catharino) Baptista (2007); ***Gomesa longipes*** (Lindl. & Paxt.) M.W.Chase & N.H.Williams (2009); ***Gomesa unicolor*** (Rolfe) M.W.Chase & N.H.Williams (2009); ***Gomesa uniflora*** (Booth ex Lindl.) M.W.Chase & N.H.Williams (2009); ***Gomesa carlosregentii*** (V.P. Castro & G.F. Carr) Lueckel (2010); ***Gomesa bohnkiana*** (V.P.Castro & G.F.Carr) M.W.Chase & N.H.Williams (2009).

Pseudobulbs 5 cm long x 1.5-2 cm wide
Leaves 8-20 cm long x 1.5-2.8 cm wide
Inflorescence up to 18 cm or more long
Flowers 2.5-4 cm wide
Sepals 1.5-1.8 cm long x 0.5-0.6 cm wide, lateral sepals 1.3-3.3 cm long x 0.5 cm wide
Petals 1.5-1.8 cm long x 0.6-1.3 cm wide
Lip 1.3-2.3 cm long x 1.3-2.3 cm wide
Column 0.5 cm long

From BA, MG, RJ, SP, PR, SC, RS at 100-1200 meters in elevation, growing epiphytically. Pseudobulbs clumped elliptic, slightly flattened with 1-2 leaves. Inflorescence erect with up to 1-4 flowers. Flower yellow, sepals and petals barred-brown, callus yellow with orange-brown markings. Sepals spatulate and petals obovate, lateral sepals fused up to 1/4 length or less. Lip 3-lobed, lateral lobes oval small, isthmus to midlobe short, midlobe oval, notched, mucronate. Central portion of lip with triangular disc with fimbriate margins apically, callus a raised mass basally with digitiform projection apically.
Column with minimal wings with irregular margins and two longitudinal broad lamellae that form a sulcus basally that goes to the base of the stigma, widest at midlength.

A dark variation as been described as *Oncidium regentii.* It is from Bahia, which more northern than the typical *A. uniflorum* range. *Oncidium regentii* has a less fimbriate callus disc than many of the *A. uniflorum* and has a callus with more spacing between the warts and a nice red color between the warts. The flowers are larger than a typical *A. uniflorum* and the segments are narrower and more acute than a typical *A. uniflorum* and held somewhat reflexed.

Alatiglossum bohnkianum is a variety from southern Bahia that is one of the larger forms of this species. It differs from a typical *A. uniflorum* by lacking the triangular callus disk with the fimbriate or ciliate edges, instead only having a acute narrowing between the midlobes and the lateral lobes. It also has longer lateral lobes and proportionally shorter column with fimbriate wings.

Alatiglossum uniflorum

Alatiglossum uniflorum

A. uniflorum – bohnkianum

A. uniflorum – regentii

Alatiglossum uniflorum

Alatiglossum uniflorum

***

Encontrado na BA, MG, RJ, SP, PR, SC e RS, entre 100 e 1200 metros de altitude, epífita. Apresenta pseudobulbos mais ou menos aglomerados, achatados, elípticos, com até duas folhas. A inflorescência é ereta com até quatro flores amarelas, de sépalas, pétalas, e colo do labelo manchados de marrom. As sépalas são espatuladas, as laterais fundidas até um quarto do comprimento; e as pétalas, obovadas. Os lobos laterais do labelo são pequenos, ovais. O lobo central, oval, com pequena fenda no ápice, é mucronado, de margens fimbriadas na área do calo. O calo é formado por um espessamento irregular com projeções digitiformes. A coluna tem asas quase imperceptíveis, de margens irregulares, e, por todo o comprimento infraestigmático, duas lamelas largas com um sulco intermediário mais largo no meio.

O *Alatiglossum bohnkianum* é uma variação do sul da Bahia. Trata-se de uma das formas maiores desta espécie. É diferente do típico *A. uniflorum* pois o disco do labelo não tem as margens tão fimbriadas como as o *A. uniflorum*, tem apenas um estreitamento agudo entre os lobos; também apresenta lobos laterais mais longos que o *A. uniflorum* típico e coluna proporcionalmente menor, com asas de margens fimbriadas.

Uma variação de flores mais escuras, originária da Bahia, local mais ao norte do que onde tradicionalmente encontra-se o *A. uniflorum* típico, foi descrita como *Oncidium regentii.* Este tem o labelo menos fimbriado na região do calo, o qual tem verrugas mais espaçadas, com um tom avermelhado entre elas. Suas flores são maiores, com segmentos mais estreitos. Como o *A. uniflorum* é uma espécie extremamente variável, e temos visto diversas de morfologias diferentes, julgamos que cabe aqui mais um sinônimo.

Baptistonia

Baptistonia echinata

Baptistonia

Baptistonia Barb.Rodr. (1877). Type*: Baptistonia echinata* Barb.Rodr.(1877).

Baptistonia is a genus of fourteen very variable species that are always epiphytic, growing as clumps or ascending plants. They are found in the natural forests of southeastern Brazil, from south of Bahia to Rio Grande do Sul, Brazil, but several species are found in northern Argentina and eastern Paraguay. Because the dispersal area of many of the species overlap and many flower at the same time and possibly are pollinated by the same insects, many natural hybrids and gradations of species occur, thus making it very difficult to demarcate one species from another. Add to this the fact that many descriptions are old and left out details that today we know to be necessary for separation of the species and that many details are hard to see in pressed flowers, it is no wonder that there is a great deal of confusion. In the case of some species, differences are so subtle that even connoisseurs of this genre have experienced difficulties in classifying them properly. For these reasons, taxonomists do not agree as to the identification of certain plants or which descriptions constitute synonyms of other species. We choose to define the species as having more morphological variability which improves the chances that plants will be able to be placed within existing species, rather than describing new species.

The *Baptistonia,* with their fine roots, have narrow pseudobulbs that are dark green and shiny when new, becoming longitudinally rugose when old and desiccated. *Baptistonia* are easily identifiable by their characteristic cigar shaped pseudobulbs, rarely are they ovoid or flattened. The pseudobulb has one leaf, occasionally two. The leaves are dark green, pliable and longer than the pseudobulbs. The inflorescence can be short or long, an arched and pendent raceme or a short panicle, with the flowers grouped in the median and apical portions. The flowers, with few exceptions, almost never open as well, being very cupped or nearly tubular flowers. Floral segments are arranged in a cross pattern, so that the petals are 180 degrees apart and the lip is at right angles to the petals. The sepals and petals are usually spatulate and concave, the dorsal sepal almost always covers and rests on the column, the lateral sepals are often partially fused and longer than the dorsal. The lateral lobes of the labellum vary from small and linear to large and wide. The medial lip lobe has a callus complex that is usually divided into two parts. The callus may have a long narrow basal area covered by a series of transverse lamellae, sometimes with horn-shaped structures after a warty area or an area with two plates, the second portion of callus often extends onto midlobe of the lip and typically consists of a warty mass. The column is finely pubescent, with side wings facing forward; and the stigma is oval. The anther cap of Baptistonia comes in two forms, one with a simple median rostellum and another that has two wing-like pubescent appendages on either side of the ventral surface of the cap, almost looking like the back of a Dutch girl's hat.

Anther cap with simple rostrum.

Appendages projecting from anther cap.

The validity of the genus *Baptistonia* has been debated for many years and its single species was occasionally subjected to the genus *Oncidium*, then known as *Oncidium brunleesianum.* In Brazil, this discussion went unnoticed and this species has always been referred to as *Baptistonia echinata*. Recent phylogenetic analyses of the *Gomesa* clade reveal, if one rejects the concept that all in the group are *Gomesa* and divides the group, the group of *Baptistonia* is a monophyletic genus that can be separated from the other genera.

The acceptance of *Baptistonia* as genus with a single species would require also the acceptance of the genus *Waluewa*, created by Regel in 1890 for the remaining species of this group. Castro and Chiron, 2004, in an effort to decrease the number of genera, opted to subordinate to *Baptistonia* the species that earlier belonged in the *Oncidium* section *Waluewa*. All these species share of many characteristics and as *Baptistonia echinata* is firmly imbedded in this group phylogenetically, the inclusion of all into one species is supported.

Key to the species:

1. Simple medial rostrum on front of anther cap without lateral appendixes, go to **2**
    2. Large flowers; lip's medial lobe ca. 2–3 cm wide - ***B. sarcodes***
    2. Small flowers; medial lobe ca. 0.5-0.9 cm wide, go to **3**
        3. Lip not narrow midlength, flower white, lateral horns on basal callus - ***B. cuneata***
        3. Lip with an isthmus, flower yellow - ***B. nitida***
1. Two pubescent lateral appendages projecting basally on anther cap, go to **4**
    4. Indistinct series of transverse callosities extending over cunnate (wedge like taper) base, oblong lateral lip lobes, go to **5**
        5. Pseudobulbs long and cylindrical - ***B. brieniana***
        5. Pseudobulbs oval and laterally compressed - ***B.widgrenii***
    4. Callus organized into two distinct types of callus, not just transverse bars, go to **6**
        6. Basal lip long cuneate, basal callus composed of nearly fused horizontal lamella, callus three parts, medial callus composed of raised lamellae joined basally and bifurcating apically, go to **7**
            7. Lateral sepals fused to ½ length or less, lip midlobe oval and deeply notched, basal callus without horns, column wings short triangular with broad base - ***B. silvana***
            7. Lateral sepals fused to near entire length, lip midlobe whole, basal callus with horns, column wings long rectangle, go to **8**
                8. Basal callus surface flat without rugae, ending with lateral horns - ***B. cruciata***
                8. Basal callus surface with transverse/horizontal rugae, basal callus apically ending with lateral protuberances or horns, go to **9**
                    9. Medial callus two diverging lamella with often warty surface or protuberances below lamella - ***B. riograndensis***
                    9. Medial callus two flat lamella - ***B. pubes***
        6. Basal lip short, lip callus otherwise, go to **10**
            10. Isthmus of lip with one lone midline lamella with or without pubescence, go to **11**
                11. Broad lateral lip lobes obtuse; flowers predominantly white; pubescent longitudinal callosities along central lamella - ***B. pulchella***
                11. Broad lateral lip lobes apiculate; flowers predominantly yellow; without pubescent callosities along central lamella - ***B. uhlii***
            10. Lip has a rather flat callus that ends by forming two horns, plates or promontories, go to **12**
                12. Large wide semicircular lateral lobes - ***B. echinata***
                12. Narrow lateral lobes, go to **13**
                    13. Triangular basal calli with midline sulcus; truncate medial lip lobe - ***B. kautskyi***
                    13. Rectangular basal calli, apical calli two bifurcating lamellae; oval-elliptic

medial lip lobe with notch - ***B. cornigera***

***

Baptistonia é um gênero formado por cerca de catorze espécies muito variáveis, sempre epífitas, de crescimento cespitoso ou ascendente, naturais das florestas do sudeste do Brasil, desde o sul da Bahia até o Rio Grande do Sul, norte da Argentina e leste do Paraguai. Como a área de dispersão de diversas espécies se sobrepõe, porque diversas florescem ao mesmo tempo, e possivelmente algumas são polinizadas pelos mesmos insetos, muitos híbridos naturais e gradações de espécies existem, tornando muito difícil a delimitação de cada uma. Adiciona-se a isto o fato de muitas descrições serem antigas, omitirem detalhes que hoje sabemos serem necessários para a separação das espécies, detalhes difíceis de observar em flores prensadas. No caso de algumas espécies, as diferenças são tão sutis, que mesmo conhecedores experimentados têm dificuldades em classificá-las corretamente. Por estas razões, os taxonomistas não concordam com a identificação de algumas espécies ou dividem este gênero em um número muito maior de espécies. Reconhecemos estas diferenças, no entanto, como temos preferido sempre, optamos por admitir maior variabilidade morfológica nas espécies de modo a possibilitar sua identificação com certa segurança, além de diminuir a necessidade da descrição de espécies novas baseadas em pequenas variações a serem encontradas no futuro.

As *Baptistonia* apresentam raízes finas e pseudobulbos verde-escuros e brilhantes quando novos, levemente rugosos quando antigos, fáceis de identificar por seu característico formato de charuto, raro ovóides ou achatados. Comportam uma folha, ocasionalmente duas. As folhas também são verde-escuras, maleáveis e bem mais longas que os pseudobulbos. A inflorescência pode ser curta ou muito longa, de arqueada a pendente, ocasionalmente racemosa, mas em regra levemente ou bastante paniculada, com flores agrupadas na porção mediana e apical.

As flores, com poucas exceções, quase nunca se abrem bem; uma espécie apresenta flores quase tubulares. Os segmentos florais são dispostos em cruz, formada pelas pétalas, labelo e sépala dorsal. As sépalas e pétalas normalmente são espatuladas e côncavas, a sépala dorsal quase sempre tombada sobre a coluna; e as laterais, frequentemente, em parte soldadas e mais longas que a dorsal. Os lobos laterais do labelo variam de pequenos e lineares a largos e vistosos. O lobo intermediário apresenta um calo complexo, normalmente dividido em duas ou três partes. Pode ter uma longa área basal estreita cuneada, ou istmo, coberta por uma série de lamelas transversais, algumas vezes com estruturas em forma de corno, depois uma área verrucosa ou duas lamelas; a segunda porção do calo invade o disco do labelo e normalmente é composta por uma massa verrucosa. A coluna é miudamente pubescente, com asas laterais voltadas para a frente; e o estígma tem abertura oval. A capa da antera pode apresentar contorno simples ou, na maioria dos casos, apresentar dois apêndices pubescentes na região ventral.

A validade deste gênero esteve em discussão por muitos anos. A *Baptistonia echinata*, então sua única espécie, era subordinada ocasionalmnte ao gênero *Oncidium*, e conhecida como *Oncidium brunleesianum* Rchb.f.. No Brasil essa discussão passou despercebida e todos a ela se referiram sempre como *Baptistonia echinata*. As recentes análises filogenéticas e a postura de classificação dos gêneros segundo seus princípios revela que *Baptistonia* é um grupo monofilético dentre os diversos em que os *Oncidium* do Brasil podem ser divididos.

Capa de antera com rostro simples

Capa de antera com apêndices

A aceitação de *Baptistonia* como gênero uniespecífico, implicaria na aceitação do gênero *Waluewa*, criado por Regel em 1890. Por esta razão, evitando tanto quanto possível o aumento do número de gêneros, Castro e Chiron optaram por subordinar a *Baptistonia* as espécies que antes pertenciam à secção *Waluewa* de *Oncidium*. Todas essas espécies compartilham de grande afinidade.

Chave de identificação das espécies:

1. Antera sem apêndices, ver **2**
    2. Flores grandes; lobo intermediário do labelo maior que 2 cm de largura - ***B. sarcodes***
    2. Flores pequenas; lobo intermediário do labelo até 1 cm de largura, ver **3**
        3. Flores brancas - ***B. cuneata***
        3. Flores amarelas - ***B. nitida***
1. Antera com dois apêndices pubescentes, ver **4**
    4. Calo inteiramente formado por uma série de lamelas verrucosas transversais variadas que se estendem pelas duas seções, ver **5**
        5. Pseudobulbos em forma de charutinho - ***B. brieniana***
        5. Pseudobulbos ovais e achatados - ***B.widgrenii***
    4. Calo formado por duas seções claramente distintas, não só lamelas verrucosas transversais, ver **6**
        6. Istmo longo, calo dividido em três partes, a primeira composta por lamelas transversais quase fundidas, a mediana por lamelas mais elevadas, e a última bastante aguda, ver **7**

7. Sépalas laterais fundidas até a metade ou menos, labelo fendido no ápice, calo basal sem cornos, asas da coluna curtas e triangulares - ***B. silvana***
7. Sépalas laterais quase inteiramente fundidas, labelo sem fenda no ápice, calo basal com cornos, asas da coluna longas e retangulares, ver **8**
 8. Superfície basal do calo sem rugas - ***B. cruciata***
 8. Superfície basal do calo com rugas, ver **9**
  9. Calo mediano com duas lamelas divergentes e verrucosas - ***B. riograndensis***
  9. Calo mediano com duas lamelas lisas e quase planas - ***B. pubes***

6. Istmo curto, labelo com outras formações, ver **10**
 10. Istmo com só uma lamela central, ver **11**
  11. Flores brancas com lamela central pubescente- ***B. pulchella***
  11. Flores amarelas com lamela central lisa - ***B. uhlii***
 10. Labelo com calo plano terminando em dois cornos ou placas, ver **12**
  12. Lobos laterais grandes e largos - ***B. echinata***
  12. Lobos laterais estreitos, ver **13**
   13. Calo basal triangular com sulco central, lobo intermediário retangular - ***B. kautskyi***
   13. Calo basal retangular com dois cornos verrucosos, lobo intermediário oval - ***B. cornigera***

Baptistonia brieniana

Baptistonia brieniana

Baptistonia brieniana

Baptistonia brieniana

Baptistonia brieniana (Rchb.f.) V.P.Castro & Chiron (2004); ****Oncidium brienianum*** Rchb.f. (1881); ***Oncidium brienianum* var. *rufida*** Rchb.f. (1881); ***Oncidium verrucosissimum*** Cogn. (1905); ***Oncidium leinigii*** Pabst (1972); ***Baptistonia leinigii*** (Pabst) Chiron & V.P.Castro (2004); ***Baptistonia verrucosissima*** (Cogn.) V.P.Castro & Chiron (2004); ***Oncidium veltenianum*** (V.P.Castro & Chiron) Königer (2005); ***Baptistonia velteniana*** V.P.Castro & Chiron (2005); ***Gomesa brieniana*** (Rchb.f.) M.W.Chase & N.H.Williams (2009); ***Gomesa leinigii*** (Pabst) M.W.Chase & N.H.Williams (2009); ***Gomesa velteniana*** (V.P.Castro & Chiron) M.W.Chase & N.H.Williams (2009).

Pseudobulbs 12 cm long, 1-2.5 cm wide
Leaves 20 cm long x 2.5-4 cm wide
Inflorescence 40 cm or more long
Flowers 2 cm wide
Sepals 1 cm long x 0.6 cm wide, lateral sepals 0.8 cm long x 0.5 cm wide
Petals 1 cm long x 0.9 cm wide
Lip 0.9-1.2 cm long x 1.3 cm wide
Column 0.6 cm long

From MG, MS, RJ, SP, PR, at 200-500 meters in elevation. Pseudobulbs cylindric. Flower yellow, sepals and petals variably barred red to completely brown, lip midlobe barred and spotted brown to various degrees, callus yellow with brown red. Sepals and petals spatulate, narrowed at base, lateral sepals lanceolate, fused almost their entire length. Lip three lobed, lateral lobes triangular to oval often as large as midlobe, midlobe oval, often notched. Callus warty, warts on basal portion appear like transverse bars but apical warts are random and extend onto the midlobe. Column with triangular wings projecting forward. We suspect *O. leinigii* is a giant clone of *B. brieniana* (polyploidy- tetraploid?).

***

Encontrada em MG, MS, RJ, SP, PR, entre 200 e 500 metros de altitude. Apresenta pseudobulbos cilíndricos e flores amarelas de sépalas, pétalas, e labelo variavelmente coloridos, de inteiramente amarelos a pintados, ou inteiramente marrons.

A sépala dorsal e pétalas são espatuladas; as sépalas laterais, lanceoladas e fundidas por quase todo o comprimento. Os lobos laterais do labelo são de triangulares a ovais, frequentemente tão grandes quando o lobo intermediário, o qual é oval e normalmente fendido. O calo é verrucoso. Na porção basal, as verrugas parecem lamelas tranversais mas as verrugas apicais ocorrem ao acaso e estendem-se à porção mediana. A coluna tem asas triangulares voltadas para a frente. Suspeitamos que a *B. leinigii* seja apenas um clone grande da *B. brieniana*, talvez poliplóide.

Baptistonia brieniana

Baptistonia cornigera

Baptistonia cornigera (Lindl.) Chiron & V.P.Castro (2004); ****Oncidium cornigerum*** Lindl. (1832); ***Oncidium fimbriatum*** Lindl. (1833); ***Oncidium chrysorhapis*** Rchb.f. (1888); ***Oncidium godseffianum*** Kraenzl. (1896); ***Oncidium hecatanthum*** Kraenzl. (1911); ***Baptistonia fimbriata*** (Lindl.) Chiron & V.P.Castro (2004); ***Gomesa chrysorhapis*** (Rchb.f.) M.W.Chase & N.H.Williams (2009); ***Gomesa cornigera*** (Lindl.) M.W.Chase & N.H.Williams (2009).

Baptistonia cornigera

Pseudobulbs 5-8 cm long x 0.7-1.5 cm wide
Leaves 15 cm long x 2-3 cm wide
Inflorescence 30-40 cm or more long
Flowers 2.5 cm wide
Sepals 0.9 cm long x 0.5 cm wide
Petals 0.8 cm long x 0.5 cm wide
Lip 0.9 cm long x 0.5 cm wide
Column 0.5 cm long

From BA, MG, ES, RJ, SP, PR, SC, RS, at 50-500 meters in elevation. Pseudobulbs cylindrical. Flower yellow, sepals and petals spotted or transverse stripes red or red-brown, callus red or pink-red. Sepals ovate and petals spatulate with long thin basal portion, lateral sepals fused to ½ length. Lip three lobed, lateral lobes spatulate, thin, medial lobe rhomboid, notched. Basal callus warty irregular plate with large verrucose horns that make this species easy to recognize; apical callus two broad warty lamellae with central sulcus.

Baptistonia cornigera

Baptistonia cornigera

Baptistonia cornigera

Baptistonia cruciata - gutfreundiana

Column short straight, with long triangular upturned wings, basal column with two longitudinal lamellae.

***

Encontrada na BA, MG, ES, RJ, SP, PR, SC e RS, entre 50 e 500 metros de altitude. Apresenta pseudobulbos cilindricos e flores amarelas, de sépalas e pétalas pintadas ou listradas de marrom, e labelo avermelhado. As sépalas são ovais; as laterais, fundidas até a metade; e as pétalas, espatuladas. Os lobos laterais do labelo são espatulados e estreitos; o lobo intermediário é oval e, normalmente, fendido. O calo é verrucoso. Na porção basal, o calo apresenta dois grandes cornos verrucosos que tornam esta espécie muito fácil de distinguir; a porção final do calo tem um profundo sulco longitudinal. A coluna é curta e larga, com asas de ápice obtuso.

Baptistonia cruciata

Baptistonia cruciata (Rchb.f.) Chiron & V.P.Castro (2004); ****Oncidium cruciatum*** Rchb.f. (1878); ***Oncidium pubes* var. *flavescens*** Hook. (1842); ***Oncidium gutfreundianum*** Chiron & V.P.Castro (2003); ***Baptistonia gutfreundiana*** (Chiron & V.P.Castro) Chiron & V.P.Castro (2004); ***Baptistonia xregentii*** V.P.Castro & Chiron (2005). ***Gomesa cruciata*** (Rchb.f.) M.W.Chase & N.H.Williams (2009); ***Gomesa gutfreundiana*** (Chiron & V.P.Castro) M.W.Chase & N.H.Williams (2009); ***Gomesa regentii*** (V.P.Castro & Chiron) M.W.Chase & N.H.Williams (2009); ***Oncidium gamosepalum*** Körniger (2010).

Pseudobulbs 10 cm long x 1-2 cm wide
Leaves 15 cm long x 2-3 cm wide
Inflorescence 45 cm.
Flowers 1.5-2 cm wide
Sepals 1.2 cm long x 0.5 cm wide, lateral sepals fused together 0.8 cm long x 0.5-0.6 cm wide
Petals 1.2 cm long x 0.3 cm wide
Lip 1.2 cm long x 0.7 cm wide
Column 0.7 cm long

From BA, ES, MG, RJ, at 400-1000 meters in elevation. Pseudobulbs cylindric. Flower yellow with brown-red bars, sometimes confluent on apical portions of sepals and petals. Lip yellow with red callus. Sepals and petals spatulate, lateral sepals fused almost entire length. Lip 3 lobed, lateral lobes narrow ligulate to triangular, midlobe oval. Basal callus a flat plate with two white lateral horns, then two longitudinal plates, then verrucose mass extending onto midlobe. Column with long rectangular wings.

B. gutfreundiana, from Bahia, has petals which are more spatulate than those of the typical *B. cruciata*, the horns of the callus are shorter and the basal callus has a plate more like transverse plates than one smooth plate, but is otherwise the same.

Baptistonia cruciata

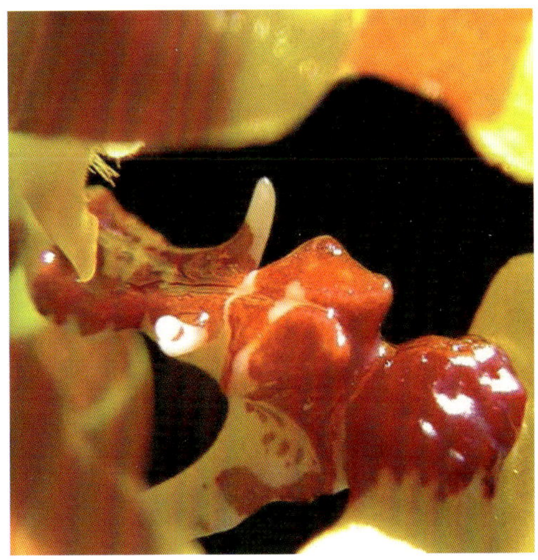
Baptistonia cruciata

***

Encontrada na BA, ES, MG e RJ, entre 400 e 1000 metros de altitude. Apresenta pseudobulbos cilíndricos e flores amarelas, de sépalas e pétalas variavelmente listradas de marrom avermelhado, e labelo amarelo, com calo vermelho e amarelo claro, ou branco. As sépalas e pétalas são espatuladas, ovais; as sépalas laterais, fundidas quase por completo. Os lobos laterais do labelo são de ligulados a triangulares; o lobo intermediário é oval. Na porção basal, o calo é quase liso com dois estreitos cornos, seguidos por duas plataformas lisas; a porção final do calo é composta por uma massa variavelmente verrucosa que avança sobre o lobo intermediário. A coluna tem asas retangulares grandes.

A *Baptistonia gutfreundiana* foi descrita para uma população da Bahia que tem pétalas mais espatuladas, cornos mais curtos, e lamelas pouco mais evidentes na porção basal do calo. De resto é igual à *B. cruciata* típica. Essa variação pode ser decorrente de seu isolamento. Julgamos tratar-se apenas de variação normal entre populações de uma mesma espécie.

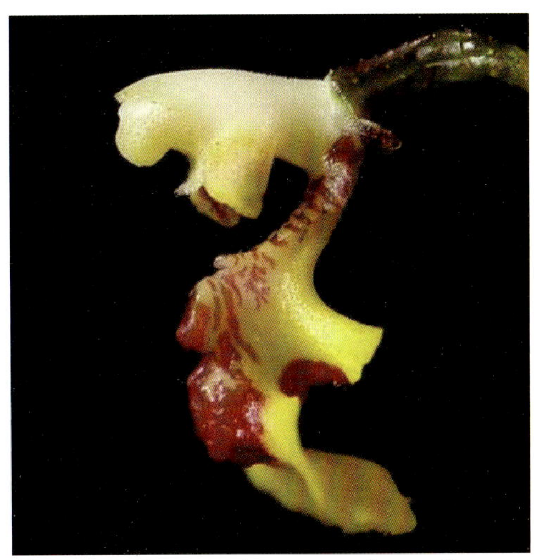
Baptistonia cruciata - gutfreundiana

Baptistonia cuneata

Baptistonia cuneata

Baptistonia cuneata

Baptistonia cuneata

Baptistonia cuneata (Scheidw.) Docha Neto & Varella (2011); ****Oncidium cuneatum*** Scheidw. (1842); ***Oncidium truncatum*** Pabst (1955); ***Oncidium remotiflorum*** Garay (1970); ***Baptistonia remotiflora*** (Garay) Chiron & V.P.Castro (2004); ***Baptistonia truncata*** (Pabst) Chiron & V.P.Castro, (2004); ***Gomesa cuneata*** (Scheidw.) M.W.Chase & N.H.Williams (2009); ***Gomesa truncata*** (Pabst) M.W.Chase & N.H.Williams (2009); ***Gomesa remotiflora*** (Garay) M.W.Chase & N.H.Williams (2009).

Pseudobulbs 3-5 cm long x 1.2-1.6 cm wide
Leaves 5-10 cm long x 1.8-3 cm wide
Inflorescence 12-18 cm long
Flowers 1.5 cm wide
Sepals 0.9 cm long x 0.3-0.4 cm wide, lateral 0.7 cm long x 0.4 cm wide
Petals 0.9 cm long x 0.6 cm wide
Lip 0.8-1.2 cm long x 0.4-0.5 cm wide
Column 0.5 cm long

From GO, MG, ES, RJ, SP, at 800-1300 meters in elevation. Pseudobulbs cylindrical. Flower white variably overlaid with red-brown on sepals and petals, the lip callus yellow spotted red. Sepals and petals truncate apically, lateral sepals fused 5/6 length. Lip truncate, lateral lobes acute, thin, midlobe truncate. Basal callus a plate with two striking horns laterally, apical callus two lamella fused for entire length then diverging with acute apexes distally. Column with long acute incurving triangular wings.

***

Encontrada em GO, MG, ES, RJ e SP, entre 800 e 1300 metros de altitude. Apresenta pseudobulbos cilíndricos e flores brancas, de sépalas e pétalas variavelmente listradas de marrom avermelhado. As sépalas, pétalas, e labelo têm ápice truncado; as sépalas laterais são fundidas quase por completo. Os lobos laterais do labelo são estreitos, agudos. Na porção basal, o calo é quase liso, com dois longos cornos laterais; na porção final do calo, duas lamelas inicialmente fundidas, depois bifurcadas. A coluna tem longas asas triangulares curvas.

Baptistonia echinata

Baptistonia echinata Barb.Rodr. (1877); ***Epidendrum tetrapetalum*** Vell. (1831), *nom. illeg.*; ***Oncidium brunleesianum*** Rchb.f. (1881); ***Oncidium echinatum*** (Barb.Rodr.) Cogn. (1905); ***Oncidium echinatum* var. *brunleesianum*** (Rchb.f.) Cogn. (1905); ***Oncidium vellozoanum*** Pabst (1957); ***Gomesa echinata*** (Barb.Rodr.) M.W.Chase & N.H.Williams (2009).

Baptistonia echinata

Pseudobulbs 6-20 cm long x 1-1.8 cm wide
Leaves 7-20 cm long x 2 -4 cm wide
Inflorescence 15 cm or more long
Flowers 2 cm wide
Sepals 1.5 cm long x 0.8 cm wide lateral sepals 1.2 cm long x 0.4 cm wide
Petals 1.5 cm long x 0.8 cm wide
Lip 1.6 cm long x 1.5 cm wide
Column 1.2 cm long

From MG, ES, RJ, SP, PR, SC, at 50-1000 meters in elevation. Flower dirty white to yellow with red bars, lip midlobe and callus markings dark red. Sepals and petals elliptic, lateral sepals fused entire length. Lip oval, three lobed, lateral lobes large elliptic, encircling the column, medial lobe small oval reflexed. Callus two longitudinally lamella basally, apical callus two horns basally with midline thickening apical to horns. Column short with elliptic wings.

Baptistonia echinata

***

Encontrada em MG, ES, RJ, SP, PR, SC, entre 50 e 1000 metros de altitude. Apresenta pseudobulbos cilíndricos e flores pálidas ou amarelas, de sépalas e pétalas variavelmente listradas de marrom claro, e labelo vermelho escuro e amarelo. As sépalas e pétalas são elípticas; as sépalas laterais são fundidas quase por completo; o labelo é oval. Os lobos laterais do labelo são grandes e elípticos, envolvendo a coluna; o lobo intermediário, menor, oval, curvado para trás. Na porção basal, o calo é formado por duas lamelas longitudinais; na porção final do calo existem dois cornos. A coluna é curta, com asas elípticas. É uma das espécies mais fáceis de identificar.

Baptistonia echinata

Baptistonia kautskyi

Baptistonia kautskyi

Baptistonia kautskyi (Pabst) V.P.Castro & Chiron (2004); *****Oncidium kautskyi*** Pabst (1976); ***Gomesa kautskyi*** (Pabst) M.W.Chase & N.H.Williams (2009).

Pseudobulbs 2 cm long x 1 cm wide
Leaves 16 cm long x 1.7-2.5 cm wide
Inflorescence 35 cm or more long
Flowers 2.5 cm wide
Sepals 0.9 cm long x 0.5 cm wide
Petals 0.8 cm long x 0.5 cm wide
Lip 0.9 cm long x 0.5 cm wide
Column 0.5 cm long

Baptistonia kautskyi

From ES, at 600-800 meters in elevation. Pseudobulbs cylindrical. Flower yellow, sepals and petals with red or red-brown spots or bars. Lip white or light yellow, callus spotted red, column wings red. Sepals and petals truncate, lateral sepals fused to almost full length. Lip three lobed, lateral lobes spatulate, thin, medial lobe long, truncate, notched. Basal callus two lamella that form a plate, apical callus a warty mass. Column short straight, with long triangular wings.

***

Baptistonia kautskyi

Encontrada no Espírito Santo, entre 600 e 800 metros de altitude. Apresenta pseudobulbos cilíndricos e flores amarelas, de sépalas e pétalas pintadas, ou listradas, de marrom avermelhado, e labelo branco ou amarelo pálido, pintado de vermelho. As sépalas, pétalas e labelo são truncados; as sépalas laterais são fundidas quase por completo. Os lobos laterais do labelo são espatulados e estreitos; o lobo intermediário, longo e fendido. Na porção basal o calo é composto por duas lamelas formando uma placa; a porção final do calo é um maciço verrucoso. A coluna é curta com asas triangulares longas. É uma espécie fácil de identificar por seu labelo plano e alongado.

Baptistonia nitida

Baptistonia nitida (Barb.Rodr.) V.P.Castro & Chiron (2004); ****Oncidium nitidum*** Barb.Rodr. (1881); ***Oncidium mazzinii*** Hoehne (1947); ***Oncidium fragae*** Königer (1999); ***Gomesa nitida*** (Barb.Rodr.) M.W.Chase & N.H.Williams (2009).

Pseudobulbs 6-8 cm long x 1 cm wide
Leaves 10-12 cm long x 1.2-2 cm wide
Inflorescence 30-40 cm long
Flowers 1.2 cm wide
Sepals 1.4 cm long x 0.8 cm wide, lateral 0.6 cm long x 0.3 cm wide
Petals 1.4 cm long x 0.6 cm wide
Lip 1.1 cm long x 0.8 cm wide
Column 0.5 cm long

From BA, ES, RJ, at 400-800 meters in elevation. Pseudobulbs cylindrical. Flower yellow overlaid with red-orange or orange-red bars on the sepals and petals, the lip callus red. Flowers extremely cupped, closed. Sepals and petals truncate apically, lateral sepals fused 5/6 length. Lip 3-lobed, lateral lobes thin, truncate, midlobe oval. Basal callus a series of horizontal lamella, apical callus a diffuse lumpy plate with apical protuberances. Column with long acute incurving triangular wings, stigma oval with midlength inward pinch.

***

Encontrada na BA, ES e RJ, entre 400 e 800 metros de altitude. Apresenta pseudobulbos cilíndricos e flores tombadas, pouco abertas, amarelas, de sépalas e pétalas pintadas ou listradas de marrom avermelhado, e labelo amarelo. As sépalas e pétalas são truncadas; as sépalas laterais são fundidas quase por completo. Os lobos laterais do labelo são estreitos e também truncados; o lobo intermediário é oval. A porção basal do calo é formada por uma série de lamelas transversais; a porção final do calo é um maciço enrugado e verrucoso. A coluna tem asas triangulares longas, agudas e curvas. O estígma tem abertura oval com pequena curva para a porção interior.

Baptistonia nitida

Baptistonia nitida

Baptistonia nitida

Baptistonia pubes

Baptistonia pubes

Baptistonia pubes

Baptistonia pubes

Baptistonia pubes (Lindl.) Chiron & V.P.Castro (2004); ****Oncidium pubes*** Lindl. (1826); ***Oncidium puberum*** Spreng. (1827); ***Epidendrum gilvum*** Vell. (1831); ***Oncidium bicornutum*** Hook. (1831); ***Oncidium phantasmaticum*** Lem. (1857); ***Oncidium lietzei*** Regel (1880); ***Oncidium hrubyanum*** Rchb.f. (1883); ***Oncidium lietzei* var. *aureomaculatum*** Regel (1887); ***Oncidium lietzei* var. *bicolor*** Regel (1887); ***Oncidium gilvum*** (Vell.) Pabst (1957); ***Baptistonia damacenoi*** Chiron & V.P.Castro (2004); ***Baptistonia lietzei*** (Regel) Chiron & V.P.Castro (2004); ***Baptistonia lietzei* subsp. *guairensis*** Chiron (2008); ***Gomesa damacenoi*** (Chiron & V.P.Castro) M.W.Chase & N.H.Williams (2009); ***Gomesa gilva*** (Vell.) M.W.Chase & N.H.Williams (2009); ***Gomesa lietzei*** (Regel) M.W.Chase & N.H.Williams (2009); ***Gomesa pubes*** (Lindl.) M.W.Chase & N.H.Williams (2009).

Pseudobulbs 10 cm long x 1.5 cm wide
Leaves 20 cm long x 2.2 cm wide
Inflorescence 15 cm long
Flowers 1.5 cm wide
Sepals 1.2-1.3 cm long x 0.8- 1 cm wide, lateral 1 cm long x 0.3 cm wide
Petals 1.2-1.3 cm long x 0.8- 1 cm wide
Lip 1.1 cm long x 0.9 cm wide
Column 0.2 cm long

From MG, ES, RJ, SP, PR, at 400-900 meters in elevation. Pseudobulbs cylindrical. Flower yellow heavily overlaid with red-orange or orange-red. Sepals and petals spatulate, lateral sepals elliptic fused almost entire length. Lip three lobed, lateral lobes long thin, midlobe oval. Callus 3 parts, basal callus fused, somewhat warty, transverse lamella forming lateral horns distally, midcallus two longitudinal lamella or flat plates that diverge apically, apical callus warty cushion. Column with long rectangular wings angling forward.

Species found in Serra do Mar are more yellow, the ones more inland are green-copper colored. *Baptistonia damacenoi* is a variation with yellow sepals and petals that is described as varying from *B. pubes* by having a few brown bars to being almost confluent brown. From the photos we can see no difference in the callus. *Baptistonia lietzei*, a variation found mostly in Minas Gerais, in areas of higher elevation, has an inflorescence with flowers that open less fully, are more pendent, and are on a more congested less branched inflorescence, and the flowers are usually mostly to all brown or brown-red.

***

Encontrada em MG, ES, RJ, SP e PR, entre 400 e 900 metros de altitude. Apresenta pseudobulbos cilíndricos e flores tombadas, pouco abertas, amarelas ou de variados tons de marrom; de sépalas e pétalas marcadas ou inteiramente marrom claro ou avermelhado; e labelo com diversos tons de marrom. As sépalas e pétalas são espatuladas; as sépalas laterais são elípticas e fundidas quase por completo. Os lobos laterais do labelo são estreitos e longos; o lobo intermediário é oval. O calo divide-se em três partes: a porção basal do calo é formada por uma série de lamelas transversais fundidas, levemente verrucosas que terminan em cornos laterais; a porção intermediária é composta por duas plataformas que divergem no ápice; a porção final do calo é um maciço verrucoso. A coluna tem asas retangulares longas, voltadas para a frente.

As plantas encontradas na Serra do Mar, do lado do litoral, são mais amareladas ou mais manchadas; as provenientes do interior do país, mais acobreadas.

A *Baptistonia damacenoi* é uma variação com longas sépalas, e pétalas amarelas, supostamente diferente da *Baptistonia pubes* por apresentar algumas listas marrons confluentes. Não encontramos diferenças no calo.

A *Baptistonia lietzei* é uma variação encontrada principalmente em Minas Gerais, em áreas mais elevadas, que apresenta flores quase inteiramente marrons ou acobreadas, mais agrupadas e tombadas, que abrem menos.

Baptistonia pubes

Baptistonia pubes

Baptistonia pubes

Baptistonia pulchella

Baptistonia pulchella

Baptistonia pulchella (Regel) Chiron & V.P.Castro (2004); ****Waluewa pulchella*** Regel (1890); ***Oncidium waluewa*** Schltr. (1918); ***Leochilus pulchellus*** Cogn. (1906); ***Gomesa pulchella*** (Regel) M.W.Chase & N.H.Williams (2009).

Pseudobulbs 2 cm long x 0.7 cm wide
Leaves 8 cm long x 1.3-1.5 cm wide
Inflorescence 3 cm long
Flowers 2 cm wide
Sepals 0.9-1.4 cm long x 0.5 cm wide
Petals 1.3 cm long x 0.8 cm wide
Lip 1 cm long x 0.7 cm wide
Column 0.8 cm long

From RJ, at 900-1200 meters in elevation. Pseudobulbs fusiform, shorter than the other species, slightly laterally compressed. Flower white, sepals, petals and lip with transverse purple stripes. Flowers extremely cupped, closed. Sepals elliptic and petals oval with a narrow base, lateral sepals fused to almost full length. Lip three lobed, lateral lobes small thin, medial lobe oval. Basal callus a flat plate that becomes one hirsute lamella that diverges apically, apical callus warty. Column short straight, with long boomerang shaped hirsute wings that arch forward meeting midline.

Baptistonia pulchella

***

Endêmica do Rio de Janeiro, entre 900 e 1200 metros de altitude, trata-se de espécie bastante rara. Apresenta pseudobulbos fusiformes, mais curtos e largos que a maioria das outras espécies de *Baptistonia*, pouco achatados; e flores brancas tombadas, pouco abertas, inteiramente listadas de púrpura. As sépalas são elípticas, as laterais, fundidas quase por completo; as pétalas, ovais. Os lobos laterais do labelo são estreitos e pequenos; o lobo intermediário, oval. A porção basal do calo é formada por uma plataforma plana que se transforma em uma lamela hirsuta, divergente no ápice; a porção final do calo, verrucosa. A coluna é curta, reta, com longas asas pubescentes, curvas, voltadas para a frente.

Baptistonia pulchella

Baptistonia riograndensis

Baptistonia riograndensis (Cogn.) Chiron & V.P.Castro (2004); ****Oncidium riograndense*** Cogn. (1906); ***Leochilus spegazzinianus*** Kraenzl. (1908); ***Oncidium spegazzinianum*** (Kraenzl.) Schltr. (1918); ***Oncidium albini*** Schltr. (1926); ***Oncidium pabstii*** Campacci & C.Espejo (1998); ***Oncidium × cassolanum*** V.P.Castro & Campacci (2001); ***Baptistonia albini*** (Schltr.) Chiron & V.P.Castro (2004); ***Baptistonia × cassolana*** (V.P.Castro & Campacci) Chiron & V.P.Castro (2004); ***Baptistonia pabstii*** (Campacci & C.Espejo) Chiron & V.P.Castro (2004); ***Gomesa albinoi*** (Schltr.) M.W.Chase & N.H.Williams (2009); ***Gomesa pabstii*** (Campacci & C.Espejo) M.W.Chase & N.H.Williams (2009); ***Gomesa riograndensis*** (Cogn.) M.W.Chase & N.H.Williams (2009).

Baptistonia riograndensis

Pseudobulbs 6-9 cm long x 1.5-2 cm wide
Leaves 12-17 cm long x 2.5-3 cm wide
Inflorescence 25 cm.
Flowers 1.5-2 cm wide
Sepals 0.9-1.2 cm long x 0.5-0.6 cm wide, lateral sepals fused together 0.9-1.2 cm long x 0.5-0.6 cm wide
Petals 0.9-1.2 cm long x 0.5-0.6 cm wide
Lip 0.9 cm long x 0.8 cm wide
Column 0.5 cm long

Baptistonia riograndensis

From Argentina and ES, RJ, SP, at 300 meters in elevation. Pseudobulbs cylindrical. Flower yellow with red markings, sometimes confluent on apical portions of sepals and sepals. Lip yellow with orange-red callus, medial lobe red. Sepals and petals oblanceolate. Lip 3 lobed, lateral lobes narrow ligulate, midlobe oval. Callus transverse rugae basally, then two longitudinal often uneven plates, then verrucose mass extending onto midlobe arranged in rows.

Baptistonia riograndensis is similar to *B. pubes*, differing in the amount of warts in the callus with other minor differences in the column wings and proportions of the lip.

Baptistonia riograndensis

Oncidium x cassolanum was originally described as a natural hybrid between *B. cornigera* and *B. albini*. We believe this species isn't a hybrid but actually a synonym of *Baptistonia riograndensis*.

Baptistonia riograndensis

Baptistonia riograndensis

Baptistonia sarcodes

Oncidum pabstii was described for a variation from Rio de Janeiro with dark sepals and petals and minor differences on the shape of the lip. Other similar plants have since been collected in São Paulo.

***

Encontrada na Argentina e no ES, RJ e SP, a cerca de 300 metros de altitude. Apresenta pseudobulbos cilíndricos, e flores amarelas com marcas vermelhas. As sépalas e pétalas são oblanceoladas. Os lobos laterais do labelo são estreitos e ligulados; o lobo intermediário, oval, vermelho. A porção basal do calo é formada por rugas transversais que terminam em dois pequenos cornos, depois, duas plataformas irregulares, separadas por profundo sulco transversal; na porção final do calo, um maciço verrucoso. A coluna apresenta longas asas estreitas, curvas, voltadas para a frente. A *Baptistonia riograndensis* é similar à *B. pubes*, diferenciando-se pela quantidade de verrugas no calo e detalhes menores nas asas da coluna e proporções do labelo.

O *Oncidium x cassolanum* foi descrito originalmente como um híbrido natural entre a *B. cornigera* e a *B. albini*. Já que consideramos ambas a mesma, também esta será apenas outro sinônimo da *Baptistonia riograndensis*.

O *Oncidum pabstii* foi descrito para uma população do Rio de Janeiro, com sépalas e pétalas escuras e diferenças menores no labelo e calo. Plantas similares foram coletadas em São Paulo.

Baptistonia sarcodes

Baptistonia sarcodes (Lindl.) Chiron & V.P.Castro (2004); ***Oncidium sarcodes*** Lindl. (1849); ***Oncidium rigbyanum*** Paxton (1849); ***Oncidium sarcodes* var. *rigbyanum*** Rchb.f. (1886); ***Oncidium sarcodes* var. *discoidale*** Rchb.f. (1886); ***Oncidium sarcodes* var. *punctulatum*** L. Lind. (1897); ***Gomesa sarcodes*** (Lindl.) M.W.Chase & N.H.Williams (2009).

Pseudobulbs 8-12 cm long x 1-1.8 cm wide
Leaves 16-25 cm long x 3.5 cm wide
Inflorescence 70-100 cm long
Flowers 2.5 cm wide
Sepals 1.5-1.7 cm long x 1.3 cm wide, lateral 1.5 cm long x 0.9 cm wide
Petals 1.7-1.9 cm long x 1.4 cm wide
Lip 1.8-2.2 cm long x 1.9-2.4 cm wide
Column 0.7 cm long

Baptistonia sarcodes

From ES, RJ, SP, PR, at 50 - 200 meters in elevation. Pseudobulbs cylindrical. Flower yellow variably overlaid with red-orange or orange-red on the sepals and petals, the lip yellow spotted red. It is one of the species of *Baptistonia* that is the most showy and easy to identify. Sepals and petals spatulate, lateral sepals fused only at very base. Lip three lobed, lateral lobes oval, thin, midlobe oval, notched at apex. Callus lamella fused for ¾ their length then diverging with blunt apexes distally. Column with fleshy triangular non-acute wings angling downward and slightly back toward column base at apex.

Baptistonia sarcodes

***

Uma das espécies de *Baptistonia* mais vistosas e fáceis de identificar, é encontrada no ES, RJ, SP, PR, ente 50 e 200 metros de altitude. Apresenta pseudobulbos cilíndricos, e flores amarelas variavelmente marcadas de marrom alaranjado ou avermelhado. As sépalas e pétalas são espatuladas; as sépalas laterais, fundidas só na base. Os lobos laterais do labelo são ovais, estreitos; o lobo intermediário, também oval, fendido no ápice. A porção basal do calo é formada por lamelas transversais fundidas até três quartos do comprimento, depois divergentes, com grandes ápices laterais rombudos. A coluna tem asas espessas, triangulares, voltadas para a frente, com ápice obtuso levemente refletido.

Baptistonia sarcodes

Baptistonia silvana

Baptistonia silvana

Baptistonia silvana

Baptistonia silvana

Baptistonia silvana (V.P.Castro & Campacci) V.P.Castro & Chiron (2004); ****Oncidium silvanum*** V.P.Castro & Campacci (1991); ***Gomesa silvana*** (V.P.Castro & Campacci) M.W.Chase & N.H.Williams (2009).

Pseudobulbs 4.5-7 cm long, 1-2 cm wide
Leaves 10-15 cm long x 2-3 cm wide
Inflorescence 15-20 cm or more long
Flowers 1.2 cm wide
Sepals 0.6 cm long x 1 cm wide, lateral sepals 0.6 cm long x 0.5 cm wide
Petals 1.3 cm long x 0.9 cm wide
Lip 2.5 cm long x 2.5 cm wide
Column 0.6 cm long

From BA, at 200-500 meters in elevation. Pseudobulbs cylindrical. Sepals and petals basally brown-yellow, at midlength red to apex, lip base yellow, callus and lip lobes brown-red. Sepals and petals ovate, narrowed at base, lateral sepals lanceolate, fused to mid length. Lip three lobed, lateral lobes rhomboid, midlobe reniform with notched apex. Callus of transverse shallow rugae at base, then two longitudinal plates, then shallow verrucose mass extending onto midlobe. Column with triangular, broad at base wings that angle forward.

***

Endêmica da Bahia, onde ocorre entre 200 e 500 metros de altitude. Apresenta pseudobulbos cilíndricos, e flores amarelas ou marrom claro, com segmentos vermelhos do meio do comprimento até o ápice. As sépalas e pétalas são ovais; as sépalas laterais, fundidas até a metade, lanceoladas. Os lobos laterais do labelo são romboidais; o lobo intermediário, em leque, fendido no ápice. A porção basal do calo é formada por rasas lamelas transversais amarelas, depois duas plataformas longitudinais; a porção final do calo é composta por um maciço verrucoso que se estende até o lobo intermediário. A coluna tem asas triangulares largas na base, voltadas para a frente.

Baptistonia uhlii

Baptistonia uhlii Chiron & V.P.Castro (2006); ***Oncidium uhlii*** (Chiron & V.P.Castro) Königer (2008); ***Gomesa uhlii*** (Chiron & V.P.Castro) M.W.Chase & N.H.Williams (2009).

Pseudobulbs 2.5-4 cm long x 0.8-1 cm wide
Leaves 6-9 cm long x 1.0-1.9 cm wide
Inflorescence 6-8 cm or more long
Flowers 2 cm wide Sepals 1.2 cm long x 0.5 cm wide
Petals 1.3 cm long x 0.8 cm wide
Lip 1.2 cm long x 0.8 cm wide
Column 0.8 cm long

From ES, at 1200 meters in elevation. Pseudobulbs cylindrical. Rare and easy to identify. Flower yellow, sepals, petals, and lip with transverse red-brown stripes. Flowers extremely cupped, closed. Sepals elliptic and petals oval with narrow base, lateral sepals fused to almost full length. Lip three lobed, lateral lobes small thin, medial lobe oval. Basal callus two lamella form a plate, apical callus low almost flat. Column short straight with long blunt hirsute wings projecting forward.

***

Fácil de identificar, esta espécie é endêmica do Espírito Santo, onde ocorre por volta de 1200 metros de altitude. Trata-se de espécie bastante rara que se assemelha muito à *Baptistonia pulchella*. Apresenta pseudobulbos fusiformes, lateralmente comprimidos, mais curtos e largos que a maioria das outras espécies de *Baptistonia*. Suas flores são amarelas, tombadas, pouco abertas, inteiramente listadas de marrom avermelhado. As sépalas são elípticas, as laterais, fundidas quase por completo; as pétalas, ovais. Os lobos laterais do labelo são estreitos e pequenos; o lobo intermediário, oval. A porção basal do calo é formada por duas lamelas que formam uma plataforma; a porção final do calo é apenas um espessamento quase plano. A coluna é curta, reta, com longas asas pubescentes, curvas, voltadas para a frente.

Baptistonia uhlii

Baptistonia uhlii

Baptistonia uhlii

Baptistonia widgrenii

Baptistonia widgrenii

Baptistonia widgrenii (Lindl.) V.P.Castro & Chiron (2004); ****Oncidium widgrenii*** Lindl. (1855); ***Oncidium odontochilum*** Barb.Rodr. (1881); ***Oncidium wittmannianum*** Königer (2008); ***Gomesa widgreni*** (Lindl.) M.W.Chase & N.H.Williams (2009).

Pseudobulbs 5 cm long, 1.2-1.6 cm wide
Leaves 12 cm long x 3 cm wide
Inflorescence 30cm or more long
Flowers 2.5 cm wide
Sepals 1.3 cm long x 0.7 cm wide, lateral sepals 1.0-1.2 cm long x 0.3 cm wide
Petals 1.3 cm long x 0.8 cm wide
Lip 1.3 cm long x 1 cm wide
Column 0.6 cm long

Baptistonia widgrenii

From MG, RJ, SP, at 800-1800 meters in elevation Pseudobulbs obovate laterally compressed. Flower yellow, sepals barred brown-red, petals red or red-brown except at base, lip midlobe and callus red-brown. Sepals and petals spatulate, lateral sepals lanceolate fused to ½ length. Lip three lobed, lateral lobes crescent shaped, long and arched, midlobe oval, notched. Callus basal portion composed of warts appearing like transverse bars but apically the warts are random and extend onto the midlobe. Column with triangular wings projecting forward. *Oncidium wittmannianum* lacks the fused lateral sepals.

***

Baptistonia widgrenii

Encontrada em MG, RJ e SP, entre 800 e 1800 metros de altitude. Tem pseudobulbos achatados ovais, e flores amarelas; com sépalas marcadas de marrom avermelhado; e pétalas marrons, exceto na base. As sépalas e pétalas são espatuladas; as sépalas laterais, fundidas até a metade, lanceoladas. Os lobos laterais do labelo são longos, em formato de crescente; o lobo intermediário é oval, fendido no ápice. A porção basal do calo é formada por verrugas dispostas em barras transversais mas as últimas barras ocorrem ao acaso até o lobo intermediário. A coluna tem longas asas triangulares voltadas para a frente. O *Oncidium wittmannianum* tem sépalas laterais livres.

Brasilidium

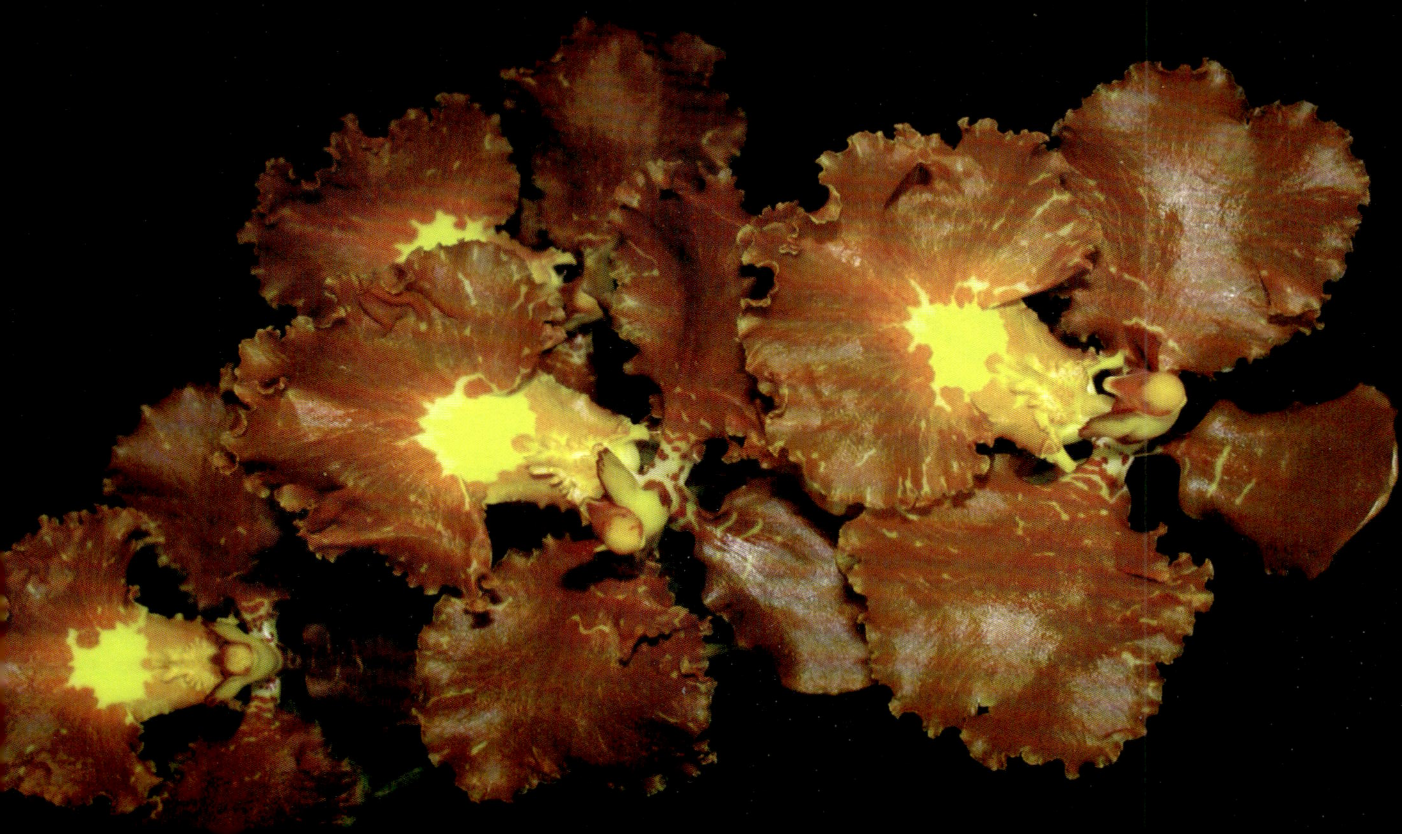

Brasilidium gardneri

Brasilidium

Brasilidium Campacci (2006). Type: ****Oncidium crispum*** Lodd. ex Lindl. (1833). ***Carenidium*** Baptista (2006); ***Concocidium*** Romowicz & Szlach. (2006); ***Anettea*** Szlach. & Mytnik (2006).

Brasilidium are robust plants growing epiphytically. The pseudobulbs and leaves are a very dark green sometimes with a red hue and are rough and thick. Young pseudobulbs have basal sheathes, often with rudimentary leaves, that sometimes dry but sometimes stay green. The pseudobulbs are laterally compressed to the point of appearing to be flat. When the pseudobulbs desiccate they develop longitudinal furrows, but the furrows are more or less equal around the pseudobulb. There are two apical leaves, sometimes only one. The inflorescence is an erect panicle that emerges from below the basal sheathes, the bracts on the inflorescence are small and there is generous spacing of the flowers along the inflorescence. The flowers of *Brasilidium* can be divided into two groups - a *crispum* section and a *concolor* section.

The *Brasilidium crispum* section has flowers that are large and showy, with contrasting yellow-brown and red colors. The petals and lip diverge at 90 degrees, giving the impression of a cross. The floral segments are open, only minimally cupped. The sepals and petals are obviously spatulate and slightly concave. The lateral sepals are fused to varying degrees. The showy trilobed lip has minimal side lobes and a short isthmus to the showy midlobe. This isthmus is sometimes almost replaced by a colored keel. The callus structure varies from species to species. The column is glabrous and projects 45 degrees forward from plane of lip. The lateral column wings are broad, like bird wings, held laterally from column. The stigma is oval and very open.

The *Brasilidium concolor* (*Carenidium*) section has flowers that are smaller but still showy. Pseudobulbs are more clumped and not ascending. The sepals and petals tend to cup or hood the column, at least basally. The lateral sepals are fused at their base only. The lip is obscurely three lobed but the lateral lobes are minimal, and the long pandurate midlobe is showy. The callus structure is bilobed, and much less complicated than the structure of the *crispum* group. The column is minutely pilose or glabrous. The lateral column wings are broad, like bird wings, held laterally from column. The stigma is oval and very open.

At one time placed in *Carenidium* as a separate genus, morphologically they are difficult to place within *Brasilidium*. The plants, the size of the flowers, shape of the petals, and the shape of the callus have little in common with other *Brasilidium*. The current DNA evidence, however, shows they are firmly embedded within *Brasilidium*.

Key to the species:

1. Sepals and petals much smaller than showy lip, go to **2**
    2. Lip pale-yellow; callus thick with dark-purple hairs - ***B. dasytyle***
    2. Lip entirely yellow; callus two longitudinal glabrous lamella, go to **3**
        3. Column size ca. 0.9 cm long - ***B. concolor***
        3. Column size ca. 1.7 cm long - ***B. ottonis***
1. Sepals and petals showy, almost as large as lip, go to **4**
    4. Basal callus a plate that forms a long midline lamella often with a hooknose shape, apical and lateral to the flat plate many warty tuberosities in various directions, go to ***5***
        5. Lip predominantly yellow; no keel or lamella on column base - ***B. pectorale***
        5. Lip predominantly brown; keel or lamella on column below stigma - ***B. crispum***
    4. Basal callus a plate that forms a long midline lamella that forms keel, apical portion of callus mass forms two diverging sections, go to **6**
        6. Flower's lip predominantly reddish-brown and lip about 2 cm wide - ***B. zappii***
        6. Flower's lip predominantly brown or yellow and lip about 3 cm wide, go to **7**
            7. Central portion of lip midlobe brown - ***B. forbesii***
            7. Central portion of lip midlobe yellow - ***B. gardneri***

***

Brasilidium é composto por plantas epífitas robustas. Pertencem a este gênero as espécies que antes formavam as seções *Concoloria* e *Crispa* de *Oncidium*. Como as espécies de cada uma dessas seções são morfológicamente diferentes, vem descritas separado.

As espécies da seção *Crispa* são morfologicamente muito próximas de *Baptistonia*. A *Baptistonia sarcodes* é uma espécie intermediária entre os dois grupos, apresentando algumas características destes, outras daquelas. Compartilham com *Baptistonia*, e por isso mesmo diferenciam-se de *Oncidium,* as seguintes características: ausência de bainhas foliares basilares, folhas escuras carnosas e coriáceas, brácteas florais minúsculas, cores e disposição em formato de cruz dos segmentos florais, bem como o formato aproximado das sépalas e pétalas, por vezes côncavas; e também a dispersão pela Mata Atlântica do sudeste brasileiro. Seu centro de dispersão situa-se provavelmente no Rio de Janeiro.

Delas diferenciam-se por serem mais robustas, apresentarem pseudobulbos elípticos bastante achatados lateralmente, quando velhos com algumas ondulações longitudinais e superfície áspera; inflorescência ereta, manifestamente paniculada, com flores muito maiores, as maiores entre os antigos *Oncidium* brasileiros, mais espaçadas e em posição normal, isto é, não tombadas, com segmentos explanados, sépalas muito menores que as pétalas; a sépala dorsal não se tomba sobre a coluna; as pétalas são mais arredondadas; labelo tem unguículo curto ou muito curto, algumas vezes substituído por uma espécie de calosidade colorida unida à coluna; tem os lobos laterais do labelo extremamente pequenos, próximos ao unguículo e separados do lobo mediano por calosidades complexas, variadamente tuberculadas, verrucosas ou denticuladas, algumas vezes separadas por alta carena adunca central, que não se estende pelo disco do labelo, este muito maior que em *Baptistonia* e bastante largo. A coluna é curta, larga e espessa; na face inferior próxima da base, pode ter uma calosidade elevada de cor diferente; tem grandes asas, bastante largas, de formato e ondulações variáveis, as vezes tão coloridas quanto as flores ou de tonalidades e padrões contrastantes, mais ou menos abertas ao lado do estigma, dando a impressão que a cavidade estigmática é muito maior, pela posição em que a coluna se articula com a flor, de frente, quase sempre visíveis pelo lado interno; a face interior da coluna não é pubescente, e a extremidade não tem margem denteada prolongada sobre a antera, esta não é verrucosa mas tem aparência aveludada, quase pubescente.

Além de todas as características citadas podemos acrescentar que são espécies de rizoma curto e crescimento ascendente, com pseudobulbos elípticos, de cor verde escura, até algo vináceos em algumas espécies, bifoliados ou unifoliados. A inflorescência brota das axilas das baínhas dos pseudobulbos, sempre muito mais alta que as folhas; tem sépalas menores que as pétalas, ambas atenuadas para a base; as sépalas laterais, mais curtas que o labelo, e concrescidas no início. O rostelo é curto. Podem ser divididos em dois grupos: aqueles com carena central adunca no labelo e outros com carenas que se bifurcam a partir de certo ponto.

A seção *Concoloria*, depois descrita como o gênero *Carenidium*, tem flores menores mas ainda vistosas, de sépalas e pétalas mais voltadas para a coluna, pelo menos na base. Seus pseudobulbos crescem mais aglomerados e não são ascendentes como os do grupo *Crispum*. As sépalas laterais são fundidas apenas na base. O labelo é longo e vistoso, em formato da leque ou oval, obscuramente trilobado, mas os lobos são mínimos. A estrutura do calo é bilobulada, mas muito mais simples que no grupo *Crispum*. A coluna é miudamente pubescente ou glabra, com asas laterais largas e abertas, como as de um pássaro. O estígma é oval, amplo. Antes classificado em *Carenidium*, um gênero à parte, este grupo não se encaixa muito bem em *Brasilidium*. A aparência das plantas, tamanho das flores formato das pétalas e estrutura do calo têm pouco em comum, contudo, as evidências moleculares correntes demonstram que estão firmemente inseridos entre aquelas espécies.

Chave de identificação das espécies:

1. Sépalas e pétalas muito menores que o labelo, ver **2**
    2. Labelo amarelo pálido; calo espesso com pelos púrpura escuros - ***B. dasytyle***
    2. Labelo amarelo forte; calo formado por duas lamelas glabras, ver **3**
        3. Lamelas do calo divergentes, coluna com 1 cm de comprimento - ***B. concolor***
        3. Lamelas do calo paralelas, coluna com 1,7 cm de comprimento - ***B. ottonis***
1. Sépalas e pétalas quase tão grandes quanto o labelo, ver **4**
    4. Calo com carena central em formato de nariz adunco, com diversas pequenas verrugas dispersas ao redor da extremidade, ver ***5***
        5. Labelo predominantemente amarelo; sem lamelas na base da coluna - ***B. pectorale***
        5. Labelo predominantemente marrom; com lamelas na base da coluna - ***B. crispum***
    4. Calo com carena central sem formato de nariz adunco, mas que na extremidade bifurca, originando duas grandes verrugas, ver **6**
        6. Labelo predominantemente marrom avermelhado medindo cerca de 2 cm de largura - ***B. zappii***
        6. Labelo marrom e amarelo medindo cerca de 3 cm de largura, ver **7**
            7. Centro do labelo marrom - ***B. forbesii***
            7. Centro do labelo amarelo - ***B. gardneri***

Brasilidium concolor

Brasilidium concolor

Brasilidium concolor

Brasilidium concolor

Brasilidium concolor (Hook.) F. Barros & V.T. Rodrigues (2010); ****Oncidium concolor*** Hook. (1839); ***Cyrtochilum citrinum*** Hook. (1849); ***Oncidium unguiculatum*** Klotzsch (1849) *nom. illeg.*; ***Oncidium normanii*** Pritz. (1854); ***Carenidium concolor*** (Hook.) Baptista (2006); ***Concocidium concolor*** (Hook.) Romowicz & Szlach. (2006); ***Gomesa concolor*** (Hook.) M.W.Chase & N.H.Williams (2009).

Pseudobulbs 2.5-5 cm long x 1-2.5 cm wide
Leaves 9-15 cm long x 2 cm wide
Inflorescence 12-30 cm or more long
Flowers 3 cm wide
Sepals 1.6 cm long x 0.8 cm wide
Petals 1.6 cm long x 0.8 cm wide
Lip 2.4 cm long x 2.4 cm wide
Column 0.9 cm long

From MG, RJ, SP, at 300 - 1500 meters in elevation. Pseudobulbs oval, flat, clumped, with deep longitudinal furrows with 2 leaves. Inflorescence pendent with up to 8 flowers. Flower yellow, red on keels of column. Sepals and petals elliptic, lateral sepals fused to ¼ length. Lip one lobe, pandurate, oval at apex and notched. Callus two longitudinal lamella. Column short straight with column oval wings that project laterally.

At one time placed in *Carenidium* as a separate genus, morphologically this species is difficult to place within *Brasilidium*. The plants, the size of the flowers, shape of the petals, and the shape of the callus have little in common with other *Brasilidium*. The current DNA evidence however shows they are firmly embedded within *Brasilidium*.

***

Encontrado em MG, RJ e SP, entre 300 e 1500 metros de altitude. Apresenta pseudobulbos ovais, achatados, aglomerados, com duas ondulações longitudinais, e bifoliados. A inflorescência é arqueada com até oito flores amarelas, com marcas vermelhas na coluna e ocasionais pintas marrom claro nas sépalas. As sépalas e pétalas são elípticas; as sépalas laterais, fundidas por um quarto do comprimento. O labelo tem forma de leque, pouco oval, fendido no ápice. O calo é formado por duas lamelas longitudinais. A coluna é reta, curta, com asas ovais projetadas obliquamente.

Brasilidium concolor

Antes classificada em *Carenidium*, um gênero à parte, esta espécie não se encaixa muito bem em *Brasilidium*. A aparência das plantas, tamanho das flores formato das pétalas e estrutura do calo têm pouco em comum, contudo, as evidências moleculares correntes demonstram que está firmemente inserida entre aquelas espécies.

Brasilidium crispum

Brasilidium crispum

Brasilidium crispum (Lodd. ex Lindl.) Campacci (2006); ****Oncidium crispum*** Lodd. ex Lindl. (1833); ***Oncidium imperatoris-maximiliani*** Rchb.f. (1866); ***Oncidium crispum* var. *grandiflorum*** auct. (1870); ***Oncidium crispum* var. *sublaeve*** Rchb.f. (1872); ***Oncidium praetextum*** Rchb.f. (1873); ***Oncidium crispum* var. *olivaceum*** Rchb.f. (1877); ***Oncidium brunnipetalum*** Barb.Rodr. (1881); ***Oncidium pardoglossum*** Rchb.f. (1886); ***Oncidium crispum* var. *ochraceum*** Rchb.f. (1888); ***Oncidium crispum* var. *flabellulatum*** Lindl. (1892); ***Oncidium gravesianum*** Rolfe (1892); ***Oncidium enderianum*** auct. (1892); ***Oncidium crispum* var. *aureum*** auct. (1898); ***Oncidium crispum* var. *limbatum*** Cogn. (1898); ***Oncidium crispum* var. *lionetianum*** Cogn. (1899); ***Oncidium crispum* var. *rodriguesii*** Cogn. (1905); ***Coppensia brunnipetala*** (Barb.Rodr.) Campacci (2006); ***Brasilidium gravesianum*** (Rolfe) Campacci (2006); ***Brasilidium praetextum*** (Rchb.f.) Campacci (2006); ***Ampliglossum brunnipetalum*** (Barb.Rodr.) Campacci (2006); ***Anettea crispa*** (Lodd. ex Lindl.) Szlach. & Mytnik (2006); ***Anettea enderiana*** (auct.) Szlach. & Mytnik (2006); ***Anettea gravesiana*** (Rolfe) Szlach. & Mytnik (2006); ***Anettea imperatoris-maximiliani*** (Rchb.f.) Szlach. & Mytnik (2006); ***Anettea praetexta*** (Rchb.f.) Szlach. & Mytnik (2006); ***Gomesa brunnipetala*** (Barb.Rodr.) M.W.Chase & N.H.Williams (2009); ***Gomesa enderiana*** (Hort. ex Gard. Chron.) M.W.Chase & N.H.Williams (2009); ***Gomesa gravesiana*** (Rolfe) M.W.Chase & N.H.Williams (2009); ***Gomesa imperatoris-maximiliani*** (Rchb.f.) M.W.Chase & N.H.Williams (2009); ***Gomesa praetexta*** (Rchb.f.) M.W.Chase & N.H.Williams (2009); ***Gomesa pardoglossa*** (Rchb.f.) M.W.Chase & N.H.Williams (2009).

Brasilidium crispum - praetextum

Brasilidium crispum – curtum colors

Brasilidium crispum-gravesianum

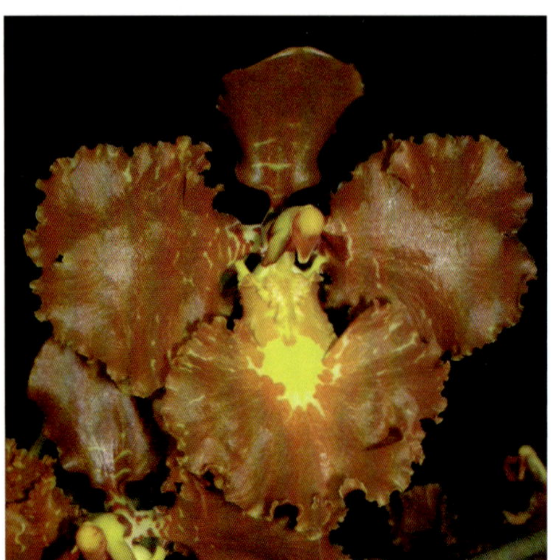
Brasilidium crispum-grandiflora

Pseudobulbs 4-6 cm long x 3-4.5 cm wide
Leaves 14-20 cm long x 3-4 cm wide
Inflorescence 40-70 cm long
Flowers 5-7 cm wide
Sepals 2-3 cm long x 1-1.4cm wide, lateral sepals 2-3 cm long x 1 cm wide
Petals 2.5-3 cm long x 2 -3 cm wide
Lip 3-4 cm long x 3-4 cm wide
Column 1-1.3 cm long

From MG, ES, RJ, SP, PR, SC, RS at 50-1200 meters in elevation. Pseudobulbs green or red, climbing along short rhizome, oval elliptic, usually 2 leaves. Inflorescence erect to arcuate panicle with 15-40 flowers. Flower, variable in color patterns, shiny brown or yellow barred-brown or wine brown. Lip at base a bar or band of yellow and then brown, callus a mix of yellow and red-brown or orange. Sepals spatulate, lateral sepals fused to 1/3-1/2 length, petals ovate, large, with very small claw, segments sometimes undulate at margins. Lip three lobed, lateral lobes very small, midlobe oval, sometimes notched. Basal portion of callus a flat triangular plate, the apical end of the callus becomes a broad longitudinal keel, lateral and apical to the flat plate and keel are many warty diverging tuberosities that sometimes almost merge to form lateral warty plates. Column with two longitudinal keels at narrow base, stigma with vertical elliptic well-delineated stigmatic aperture, and wings with irregular to whole margins.

Brasilidium gravesianum has pseudobulbs that are red pigmented as an adaptation to its habitat and exposure to more sun. The flowers have more red in the brown portions than other *B. cripum* however we do not consider these differences enough to justify this population as a separate or distinct species.

In Brazil, usually one sees *B. crispum* identified as *B. praetextum* or *B. enderianum,* both referring to the same variety, and is the most commonly seen variation of *B. crispum*. Another variation that is less commonly seen is a large flowered variety that has more curled or crisped flower parts and usually is referred to as *B. cripsum grandiflorum*. This is most showy variety of *B. crispum*.

Oncidium imperatoris-maximiliani was described by Reichenbach as having pink flowers. The type flower is the exact shape of *B. crispum* and no pink and yellow *Brasilidium* has ever been found and we suspect this is an error.

***

Encontrado em MG, ES, RJ, SP, PR, SC e RS entre 50 e 1200 metros de altitude. Apresenta pseudobulbos verdes a vermelhos, ovais, achatados, com ondulações longitudinais e uma ou duas folhas, separados por curto rizoma ascendente. A inflorescência é de ereta a arqueada, paniculada, com até quarenta flores, de cores e padrões variáveis, de marrom escuro ou avermelhado a marrom claro com manchas mais escuras; labelo com porção amarela na base, depois marrom; e calo com marcas vermelhas, amarelas e laranja na coluna. As sépalas são espatuladas; as laterais, fundidas quase até a metade; as pétalas, ovaladas, grandes; estes segmentos de margens pouco ou muito onduladas. O labelo tem lobos laterais bastante pequenos; e intermediário, oval, ocasionalmente fendido. A porção basal do calo é uma plataforma plana triangular; o ápice do calo transforma-se em ampla lamela logitudinal. O calo é rodeado por verrugas de tamanhos e formas variadas. A coluna apresenta duas carenas longitudinais na estreita tábula infra-estigmática; o estigma é amplo, com abertura elíptica; as asas têm margens de irregulares a inteiras.

O *Brasilidium gravesianum* tem pseudobulbos avermelhados decorrentes de sua adaptação à maior exposição ao sol. Suas flores também são mais avermelhadas que outras populações de *B. cripum* contudo não consideramos estas diferenças suficientes para separar esta variação como espécie distinta.

Normalmente vemos *B. crispum* identificado como *B. praetextum* ou *B. enderianum,* ambos referindo-se à mesma variação, que é a mais comum de todas as

Brasilidium crispum-praetextum

Brasilidium crispum

Brasilidium crispum- grandiflorum

Brasilidium crispum

Brasilidium dasytyle

Brasilidium dasytyle

formas assumidas por esta espécie. Outra variação, menos comum, é uma referida como *B. cripsum* var. *grandiflorum,* com flores muito grandes, de margens mais onduladas, e frequentemente com padrões intrincados de marrom mais claro nas sépalas e pétalas. Trata-se de uma das variações mais vistosas desta espécie.

Oncidium imperatoris-maximiliani foi descrito como uma espécie de flores rosadas e amarelas. A flor tipo tem exatamente a mesma estrutura do *B. crispum* e nenhum *Brasilidium* rosa foi jamais encontrado. Suspeitamos ser um erro.

Brasilidium dasytyle

Brasilidium dasytyle (Rchb. f.) F. Barros & V.T. Rodrigues (2010); ****Oncidium dasytyle*** Rchb.f. (1873); ***Carenidium dasytyle*** (Rchb.f.) Baptista (2006); ***Concocidium dasytyle*** (Rchb.f.) Romowicz & Szlach. (2006); ***Gomesa dasytyle*** (Rchb.f.) M.W.Chase & N.H.Williams (2009).

Pseudobulbs 2.5 cm long x 1.5-2 cm wide
Leaves 9-11 cm long x 1.4-1.8 cm wide
Inflorescence 25-35 cm long
Flowers 2-3 cm wide
Sepals 0.9-1.7 cm long x 0.4-0.8 cm wide, lateral 0.3-0.8 cm long x 0.3 cm wide
Petals 0.9-1.6 cm long x 0.4-0.7 cm wide
Lip 2-2.6 cm long x 1.9-2.3 cm wide
Column 0.4-0.8 cm long

From RJ, at 600-1200 meters in elevation, growing epiphytically. Pseudobulbs oval, clumped, with 1-2 leaves. Inflorescence semi-erect raceme with up to 6 flowers. Flower yellow to yellow-white, purple or red-brown spots on sepals and petals, callus dark maroon to purple. Sepals and petals elliptic, lateral sepal fused to midlength. Lip obscurely three lobed, lateral lobes very small, triangular, medial lobe oval, notched. Callus two longitudinal lamella at base, two globular longitudinal lamella at apex. Column long, straight, with square column wings that reach forward of stigma. Column surface and callus surface pilose.

***

Encontrado no Rio de Janeiro, entre 600 e 1200 metros de altitude, epífita. Apresenta pseudobulbos ovais, aglomerados, com até duas folhas. A inflorescência é semi ereta, racemosa, com até seis flores amarelas ou pálidas, com marcas púrpura nas sépalas e pétalas, estas elípticas; as sépalas laterais, fundidas até a metade. Labelo obscuramente trilobado, com lobos laterais muito pequenos, triangulares; e intermediário, oval, fendido no ápice. O calo é formado por duas lamelas longitudinais na base, e depois duas lamelas globulares. A coluna é longa, reta, com asas retangulares voltadas para a frente. A superfície da coluna e do calo são pubescentes.

Brasilidium dasytyle

Brasilidium forbesii

Brasilidium forbesii (Hook.) Campacci (2006); ****Oncidium forbesii*** Hook. (1839); ***Anettea forbesii*** (Hook.) Szlach. & Mytnik (2006); ***Brasilidium tapiraiense*** Campacci (2008); ***Gomesa forbesii*** (Hook.) M.W.Chase & N.H.Williams (2009).

Pseudobulbs 6-8 cm long x 3-3.5 cm wide
Leaves 25-30 cm long x 3.5-4 cm wide
Inflorescence 50-60 cm long
Flowers 7cm wide
Sepals 2.0-2.2 cm long x 1.5 cm wide, lateral sepals 2.2 cm long x 0.8 cm wide
Petals 2.5 cm long x 2.2 cm wide
Lip 2.6-3.0 cm long x 3-3.4 cm wide
Column 0.5 cm long

Brasilidium forbesii

From MG, ES, RJ, SP, at 50-1200 meters in elevation, Pseudobulbs climbing along short rhizome, elliptic to ovate with 1-2 leaves. Inflorescence semi-upright panicle with up to 50 flowers. Flower yellow, sepals barred brown, petals covered with brown except margins, margins with brown spots.

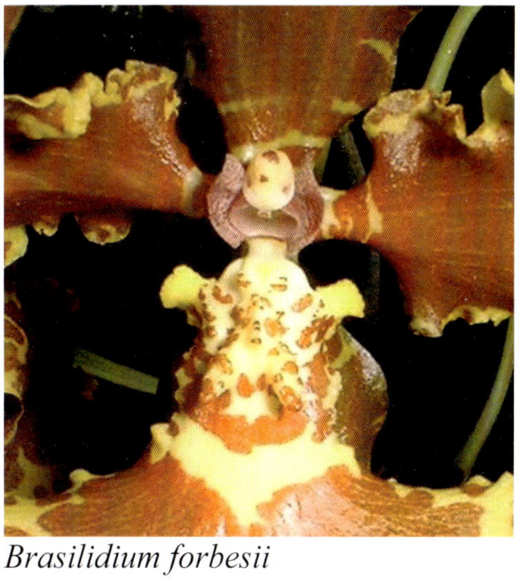

Brasilidium forbesii

Brasilidium forbesii

Brasilidium forbesii

Brasilidium gardneri

Lip callus mix of yellow and red-brown, and lip has a bar of yellow and then brown with yellow and a spotted brown margin. Sepals elliptic, lateral sepals fused to 1/3-1/2 length, petals ovate, large, with very small claw, segments undulate at margens. Lip three lobed, lateral lobes small, midlobe oval, notched. Basal portion of callus is flat triangular plate, the apical end of callus becomes a short keel, lateral and apical to the flat plate and keel are many warty tuberosities which form two distinct diverging appendages. Column winged, stigmatic aperture obscurely hexagonal.

Brasilidium tapiraiense describes a population with two leaves, smaller plant parts and with slightly smaller flowers than *Brasilidium forbesii*.

***

Encontrado em MG, ES, RJ e SP, entre 50 e 1200 metros de altitude. Apresenta pseudobulbos ovais, achatados, com ondulações longitudinais e uma ou duas folhas, separados por curto rizoma ascendente. A inflorescência é de ereta a arqueada, paniculada, com até cinquenta flores de segmentos com grandes manchas marrom claro e margens amarelas com pintas marrom. A sépala dorsal é elíptica; as laterais, fundidas quase até a metade; as pétalas, ovais, grandes; todas de margens onduladas. O labelo tem lobos laterais pequenos; e intermediário, oval, ocasionalmente fendido. A porção basal do calo é uma plataforma plana triangular; o ápice do calo transforma-se em curta lamela logitudinal que se bifurca em duas verrugas na extremidade. O calo é rodeado por verrugas mais ou menos fundidas de tamanhos e formas variadas. A coluna tem asas sinuosas, pintadas de rosa; a cavidade estigmática é obscuramente hexagonal.

O *Brasilidium tapiraiense* descreve uma população de plantas bifoliadas menores, com flores menores do que o *Brasilidium forbesii* típico.

Brasilidium gardneri

Brasilidium gardneri (Lindl.) Campacci (2006); ****Oncidium gardneri*** Lindl. (1843); ***Oncidium curtum*** Lindl. (1847); ***Oncidium flabelliferum*** Pinel (1849); ***Oncidium elegantissimum*** Rchb.f. (1877); ***Oncidium gardnerianum*** auct. (1880), *orth. var.*; ***Oncidium praestans*** Rchb.f. (1880); ***Oncidium caloglossum*** Rchb.f. (1885); ***Oncidium pollettianum*** Rchb.f. (1886); ***Oncidium larkinianum*** Gower (1890); ***Oncidium gardneri* var. *elegantissimum*** (Rchb.f.) Cogn. (1905); ***Oncidium gardneri* var. *pollettianum*** (Rchb.f.) Cogn. (1905); ***Oncidium gardneri* var. *praestans*** (Rchb.f.) Cogn. (1905); ***Oncidium pectorale* var. *caloglossum*** (Rchb.f.) Cogn. (1905); ***Oncidium pectorale* var. *larkinianum*** (Gower) Cogn. (1905); ***Oncidium gardneri* subsp. *caloglossum*** (Rchb.f.) Fowlie (1976); ***Brasilidium curtum*** (Lindl.) Campacci (2006); ***Anettea curta*** (Lindl.) Szlach. & Mytnik (2006); ***Anettea gardneri*** (Lindl.) Szlach. & Mytnik (2006); ***Gomesa curta*** (Lindl.) M.W.Chase & N.H.Williams (2009); ***Gomesa gardneri*** (Lindl.) M.W.Chase & N.H.Williams (2009).

Pseudobulbs 7-15 cm long x 3 cm wide
Leaves 20 cm long x 3 cm wide
Inflorescence 45 cm long
Flowers 3 cm wide
Sepals 1.5 cm long x 1.2 cm wide, lateral sepals 1.5 cm long x 0.6 cm wide
Petals 1.7 cm long x 1.4 cm wide
Lip 2.2 cm long x 3 cm wide
Column 0.7 cm long

From MG, ES, RJ, SP, PR, SC, at 100-1200 meters in elevation. Pseudobulbs climbing along short rhizome, elliptic to ovate with 1 leaf. Pseudobulb and leaves red-green. Inflorescence semi-upright panicle with 5-50 flowers. Flower sepals and petals confluent red except at yellow margens. Lip yellow with broad red margins, lip callus mix of yellow and red-brown. Sepals elliptic, lateral sepals fused only at base, petals spatulate large with long claw, segments undulate at margens. Lip three lobed, lateral lobes small, midlobe oval. Basal portion of callus is flat triangular plate, the apical callus two thick warty longitudinal keels. Column winged, below stigma a transverse plate, stigmatic aperture obscurely cordiform (heart-shaped).

Oncidium larkinianum is a variation that has a bifid

Brasilidium gardneri

Brasilidium gardneri

Brasilidium gardneri

Brasilidium gardneri

Brasilidium gardneri

Brasilidium ottonis

lip that is all yellow without any brown. There are many intermediate forms of between the classical *B. gardneri* and *O. larkinianum*. *Brasilidium curtum* was considered different because the yellow area on the lip is more extensive with only a thin solid margin of brown. The same color pattern can be found in some varieties of *B. crispum* but then you have to look at the callus to differentiate them.

***

Encontrado em MG, ES, RJ, SP, PR e SC, entre 100 e 1200 metros de altitude. Apresenta pseudobulbos monofoliados, ovais, achatados, com ondulações longitudinais, separados por curto rizoma ascendente. A inflorescência é de ereta a arqueada, paniculada, com até cinquenta flores de segmentos amarelos com grandes manchas marrom claro, exceto nas margens, onde as pintas são pequenas. As sépalas são elípticas; as laterais, fundidas quase só na base; as pétalas, espatuladas, grandes; todos segmentos de margens onduladas. O labelo tem lobos laterais pequenos; e intermediário, oval. A porção basal do calo é uma plataforma triangular plana; o ápice do calo é composto por duas grandes verrugas divergentes. A coluna tem asas côncavas, pintadas de rosa; a cavidade estigmática é obscuramente cordiforme.

O *Oncidium larkinianum* é uma variação com labelo bífido inteiramente amarelo. Existem muitas formas intermediárias entre o *B. gardneri* típico e o *O. larkinianum*. O *Brasilidium curtum* foi considerado diferente devido à área amarela de seu labelo ser maior, apenas com a margem marrom escuro sólido. O mesmo padrão de cores existe em variações do *B. crispum* mas temos de verificar o calo para diferenciá-los.

Brasilidium ottonis

Brasilidium ottonis (Schltr.) Docha Neto & Varella (2011); ****Oncidium ottonis*** Schltr. (1914); ***Oncidium concolor* var. *ottonis*** (Schltr.) Pabst (1957); ***Concocidium ottonis*** (Schltr.) Romowicz & Szlach. (2006).

Pseudobulbs 2.5 cm long x 1.5 cm wide
Leaves 5 cm long x 1.2 cm wide
Inflorescence 6 cm or more long
Flowers 3 cm wide Sepals 1.9 cm long x 0.7 cm wide
Petals 1.9 cm long x 0.7 cm wide
Lip 2.9 cm long x 2.4 cm wide
Column 1.7 cm long

From PR, SC, RS, at 600 - 1200 meters in elevation. Pseudobulbs oval, clumped, with 2 leaves. Inflorescence pendent with up to 15 flowers. Flower yellow. Sepals and petals elliptic, lateral sepal fused to midlength. Lip obscurely three lobed, lateral lobes very small triangular, medial lobe oval, notched. Callus two longitudinal lamella, occasionally with lateral buttresses. Column long, straight, with square column wings that reach forward of stigma.

Brasilidium ottonis has not been combined in *Gomesa*, *sensu* Chase et al.. *Brasilidium ottonis* has a column twice as long as *B. concolor*. There are also small differences in the callus, wings of the column, the general shape of the lip, and the stigmatic opening. *Brasilidium ottonis* occurs only in the south of Brazil and neighboring countries while the *Brasilidium concolor* is found in the mountain range of Mantiqueira and the coastal areas of southeast Brazil.

***

Encontrado no PR, SC e RS, entre 600 e 1200 metros de altitude. Apresenta pseudobulbos ovais, pouco achatados, aglomerados, e bifoliados. A inflorescência é arqueada com até quinze flores amarelas, com marcas vermelhas na coluna e ocasionais pintas ou listas marrom claro nas sépalas. As sépalas e pétalas são elípticas; as sépalas laterais fundidas até a metade. O labelo é obscuramente trilobado, com lobos laterais pequenos; o lobo intermediário é oval, fendido no ápice. O calo é formado por duas lamelas longitudinais, paralelas. A coluna é reta, longa, com asas quadradas.

Brasilidium ottonis

Brasilidium ottonis

Brasilidium ottonis

Brasilidium pectorale

Brasilidium pectorale

Brasilidium pectorale

O *Brasilidium ottonis* não foi combinado em *Gomesa, sensu* Chase et al. O *Brasilidium ottonis* tem a coluna muito mais comprida que o *B. concolor,* as lamelas do labelo são paralelas em vez de divergentes, além de apresentar diferenças também no formato do labelo, asas da coluna e cavidade estigmática. *Brasilidium ottonis* existe só no sul do Brasil e países visinhos e o *B. concolor* é do sudeste.

Brasilidium pectorale

Brasilidium pectorale (Lindl.) Campacci (2006); ****Oncidium pectorale*** Lindl. (1840); ***Oncidium marshallianum*** Rchb.f. (1866); ***Oncidium mantinii*** God.-Leb. (1888); ***Oncidium pectorale* var. *mantinii*** (God.-Leb.) Cogn. (1905); ***Oncidium marshallianum* var. *rossendale*** Rolfe (1915); ***Anettea marshalliana*** (Rchb.f.) Szlach. & Mytnik (2006); ***Anettea pectoralis*** (Lindl.) Szlach. & Mytnik (2006); ***Brasilidium marshallianum*** (Rchb.f.) Campacci (2006); ***Gomesa marshalliana*** (Rchb.f.) M.W.Chase & N.H.Williams (2009); ***Gomesa pectoralis*** (Lindl.) M.W.Chase & N.H.Williams (2009).

Pseudobulbs 8-15 cm long x 2.4-4 cm wide
Leaves 20-30 cm long x 4 cm wide
Inflorescence 75 -180 cm long
Flowers 4 cm wide
Sepals 1.5 cm long x 1 cm wide, lateral sepals 2 cm long x 0.6 cm wide
Petals 2.2 cm long x 1.5 cm wide
Lip 4.2 cm long x 3.5 cm wide
Column 1.5 cm long

From MG, RJ at 200-1200 meters in elevation. Pseudobulbs climbing along short rhizome, oval elliptic, with one leaf. Inflorescence erect to arcuate panicle with up to 60 flowers. Flower yellow, sepals barred-brown, petals barred-brown in the middle portions, wide margins clear of bars. Lip callus a mix of yellow and red-brown or orange. Sepals spatulate, lateral sepals fused at base only, diverging, petals ovate large with very small claw, notched at mid length, segments undulate at margins. Lip three lobed, lateral lobes very small, midlobe panduriform, broad, notched at apex. Basal portion of callus is flat triangular plate, the apical end of callus becomes a broad longitudinal keel, lateral and apical to the flat plate and keel are many warty diverging tuberosities that almost merge to form lateral warty plates. Column without longitudinal keel at narrow base, stigma open with obscurely triangular stigmatic aperture, and wings broad and truncate with irregular margins.

***

Encontrado em MG e RJ entre 200 e 1200 metros de altitude. Apresenta pseudobulbos monofoliados ovais, achatados, com ondulações longitudinais, separados por curto rizoma ascendente. A inflorescência é de ereta a arqueada, paniculada, com até sessenta flores de segmentos amarelos com pintas marrom, exceto nas margens, que são lisas. As sépalas são espatuladas; as laterais, fundidas só na base, divergentes; as pétalas, ovais, grandes, fendidas nas laterais; todos segmentos de margens onduladas. O labelo tem lobos laterais pequenos; e intermediário, panduriforme, largo, fendido no ápice. A porção basal do calo é uma plataforma triangular plana; o ápice do calo é composto espessa lamela longitudinal, rodeada por variadas verrugas divergentes, ocasionalmente fundidas. A coluna não apresenta lamelas na estreita tábula infra-estigmática; tem asas largas, truncadas, de margens irregulares; a cavidade estigmática é obscuramente triangular.

Brasilidium pectorale

Brasilidium zappii

Brasilidium zappii

Brasilidium zappii (Pabst) Campacci (2006); ****Oncidium zappii*** Pabst (1976); ***Anettea zappii*** (Pabst) Szlach. & Mytnik (2006); ***Gomesa zappii*** (Pabst) M.W.Chase & N.H.Williams (2009).

Pseudobulbs 5 cm long x 2 cm wide
Leaves 15 cm long x 2 cm wide
Inflorescence 20 cm long
Flowers 3.5 cm wide Sepals 1.2 cm long x 0.7 cm wide, lateral sepals 1.2 cm long x 0.3 cm wide
Petals 1.4 cm long x 0.8 cm wide
Lip 1.9 cm long x 1.9 cm wide
Column 0.6 cm long

Brasilidium zappii

Brasilidium zappii

Brasilidium zappii

Brasilidium zappii

From ES, at 500-1800 meters in elevation. Pseudobulbs climbing along short rhizome, elliptic to ovate, with 1-2 leaves, pseudobulb and leaves red-green. Inflorescence semi-upright panicle with up to 30 flowers. Flower sepals and petals confluent red except few bars of yellow. Lip lateral lobes yellow, medial lobe red with few yellow bars, lip callus white with red flecks basally, dark red apically.

Sepals elliptic, lateral sepals fused only at base, petals spatulate, large, with short claw, segments undulate at margins. Lip three lobed, lateral lobes small, midlobe oval, notched. Basal portion of callus is flat triangular plate, the apical callus two warty longitudinal diverging keels. Column with oval lateral wings and at column base two broad lamella that widen and thin out at mid column length.

Brasilidium zappii might be considered an extreme variety of *B. gardneri*; the differences being only the plain dark color of sepals and petals, proportions of the lip, which is smaller in *B. zappii*, and smaller size of the plant. The callus is almost the same.

***

Endêmico do Espírito Santo, entre 500 e 1800 metros de altitude. Apresenta pseudobulbos ovais, achatados, com ondulações longitudinais, comportando uma ou duas folhas, separados por curto rizoma ascendente. A inflorescência é de ereta a arqueada, paniculada, com até trinta flores de segmentos marrom avermelhados com poucas listas amarelas. As sépalas são elípticas; as laterais, fundidas quase só na base; as pétalas, espatuladas, grandes; todos segmentos de margens onduladas. O labelo tem lobos laterais pequenos; e intermediário, oval, fendido no ápice. A porção basal do calo é uma plataforma triangular plana; o ápice do calo é composto por duas grandes verrugas divergentes. A coluna tem asas côncavas, pintadas de rosa; e duas largas lamelas na tábula infra-estigmática.

O *Brasilidium zappii* poderia ser considerado uma

variação extrema do *B. gardneri*; as diferenças são apenas a cor escura das flores, as proporções do labelo, que é menor no *B. zappii*, e o menor tamanho da planta. O calo é quase igual.

Other species

Brasilidium rivierianum

Brasilidium rivierianum (Wibier) Campacci (2006); ****Oncidium rivierianum*** Wibier (1904); ***Gomesa riviereana*** (St.-Lég.) M.W.Chase & N.H.Williams (2009), *nom.nud.*

Original description roughly says: pseudobulbs ovoid, 5-6 cm, Leaves 15-20 cm, Inflorescence 70-80 cm 15-20 flowers, flower bigger than 3 cm *Oncidium marshallianum* (this is *Brasilidium pectorale*). Petals oblong, undulate, the margin toothed (actually the margin *denttee verle millieu* - wormed midlength), white with black spots. Lip pandurate, lateral borders entire. Dentate and fringe anterior border, yellow carmine red. It is not clear that this even a *Brasilidium* and there is no mention of a country of origin.

***

A descrição original informa: pseudobulbos ovóides, 5-6 cm, folhas 15-20 cm, inflorescência 70-80 cm, 15-20 flores maiores que 3 cm, como as do *Oncidium marshallianum,* hoje *Brasilidium pectorale*. Pétalas oblongas, onduladas, com margens serrilhadas, brancas com pintas pretas. Labelo pandurado, com bordas laterais inteiras, e bordas anteriores amarelo e carmim. Não está claro se é uma planta brasileira pois o país de origem não é mencionado.

Campaccia

Campaccia venusta

Campaccia

Campaccia Baptista, P. A. Harding & V. P. Castro (2011). Type: **Oncidium venustum* Drapiez (1836) = ***Campaccia venusta*** (Drapiez) Baptista, P. A. Harding & V. P. Castro (2011).

Campaccia lacks the dried basal leaves that *Gomesa* characteristically have and the pseudobulbs have a light green to yellow-green color and are fusiform. Their partially fused lateral sepals diverge and the petals are notched at midlength and the lip has a triangular disc area basal to the midlobe. The thick callus mass has a flat plate basally, the plate decorated with warts laterally and apically, then the mass develops a midline crest or keel and apically bifurcating protuberances. The column has two longitudinal keels below the stigma in the infrastigmatic tabula region, and a simple anther cap. The wings of the column spread laterally making a target of or highlighting the stigma.

Campaccia venusta, the only species contained in this genus, is traditionally known in Brazil as *Oncidium trulliferum.* As mentioned previously, this portion of the Brazilian species formerly thought of as *Oncidium* have been subjugated to the genus *Gomesa* by Chase et al. This proposal is a super simplification that absolutely does not take in consideration the morphology of the plants, which we readily discard.

In 2008, Chiron considered that *Oncidium venustum* was classified in *Baptistonia*, a suggestion that is reasonable, as there are some similarities to that genus. In the cladograms published by Chase et al., *Oncidium venustum* is indeed on a branch with *Baptistonia*, but to include *Oncidium venustum* in *Baptistonia* one would also have to include *Oncidium (Carriella) coloratum*.

Our detailed analysis of the morphology of these species has convinced us not to accept this proposal as the species *Oncidium (Campaccia) venustum* and *Oncidium (Carriella) colorata* share only a few characteristics with the traditional concept of *Baptistonia*. These two species share with *Baptistonia* the general shape or alignment shape of the sepals and petals, and the absence of the dry leaf sheathes at the base of the pseudobulbs. *Campaccia* differs from *Baptistonia* by having different shaped pseudobulbs that are a different hue of green, flowers that open fully on an erect inflorescence, sepals and petals with different length/width ratios, lateral lip lobes that are flattened and outward protruding, and two longitudinal keels below the stigma in the infrastigmatic tabula region of the column.

Campaccia lack the dried basal leaves that *Gomesa* characteristically have, the pseudobulbs have a light green to yellow-green color and are long and fusiform. The partially fused lateral sepals diverge, the petals are notched at midlength, and the lip has a triangular disc area basal to the midlobe. The thick callus mass has a flat plate basally, the plate decorated with warts laterally and apically, then the mass develops a midline crest or keel and apically bifurcating protuberances, and two more low paralel keels at the end of callus. The column has two longitudinal keels below the stigma in the infrastigmatic tabula region and a simple anther cap. The wings of the column spread laterally, highlighting the stigma.

***

Campaccia caracteriza-se por pseudobulbos verde-claros ou amarelados, longos e fusiformes; suas sépalas laterais são parcialmente fundidas e divergentes; as pétalas são acinturadas lateralmente, e o disco tem uma área triangular na base do lobo intermediário. O calo é espesso, com uma ampla plataforma verrucosa basal que se expande lateralmente em duas estruturas que lembram asas, e termina em uma lamela central bifurcada em duas protuberâncias; no final, mais duas lamelas paralelas baixas. A coluna apresenta grande espessamento abaixo do estigma e tem capa da antera simples; as asas da coluna são longas e espalham-se obliquamente ao lado do estigma.

A *Campaccia venusta*, única espécie deste gênero é tradicionalmente conhecida no Brasil como *Oncidium trulliferum*. Como mencionado anteriormente, praticamente todas as espécies brasileiras de *Oncidium* foram submetidas ao gênero *Gomesa* por Chase e Whitten. Esta proposta parece-nos uma super simplificação que absolutamente não leva em consideração a morfologia das plantas, de modo que a descartamos prontamente.

Em 2008, Chiron propôs que esta espécie fosse classificada em *Baptistonia*, sugestão que nos parece mais razoável, pois de fato guarda algumas semelhanças com as espécies deste gênero, no entanto, pela sua posição no cladograma, como decorrência deste movimento, também teria de ser ali incluída a *Carriella colorata*. A análise mais detalhada da morfologia dessas duas espécies convenceu-nos a não aceitar esta proposta uma vez que de fato apresentam algumas caracteristicas únicas, bastante diferentes das *Baptistonia* tradicionais. Cada uma delas vem aqui classificada em seu próprio gênero.

Apesar das semelhanças que guarda com as *Baptistonia*, tais como o formato ou alinhamento das pétalas e sépalas, e ausência das diversas baínhas secas que guarnecem os pseudobulbos, *Campaccia* é diferente de *Baptistonia* porque apresenta pseudobulbos de outro formato e cor; grande espessamento na tábula infraestigmátiga; flores bem abertas em inflorescência muito mais ereta; diferentes proporções e posicionamento dos segmentos florais; e no comportamento dos lobos laterais do labelo.

Campaccia venusta

Campaccia venusta (Drapiez) Baptista, P. A. Harding & V. P. Castro (2011); ****Oncidium venustum*** Drapiez (1836); ***Oncidium galeatum*** Scheidw. (1839); ***Oncidium trulliferum*** Lindl. (1839); ***Oncidium dimorphum*** Regel (1869); ***Oncidium ornithocephaloides*** Kraenzl. (1922); ***Carenidium venustum*** (C.Morren) Baptista (2006); ***Baptistonia venusta*** (Drapiez) Chiron (2008); ***Gomesa venusta*** (Drapiez) M.W.Chase & N.H.Williams (2009).

Campaccia venusta

Pseudobulbs 6-15 cm long x 2-3 cm wide
Leaves 15-24 cm long x 2.8-3.2 cm wide
Inflorescence 40-60 cm long
Flowers 1.5 cm wide
Sepals 0.6 cm long x 0.5 cm wide, lateral 0.8 cm long x 0.4 cm wide
Petals 1 cm long x 0.7 cm wide
Lip 1.3 cm long x 0.6-0.9 cm wide
Column 0.5 cm long

Campaccia venusta

From ES, RJ, SP, PR, SC, RS, at 200-700 meters in elevation, growing epiphytically. Pseudobulbs long fusiform, clumped, with up to 3 leaves. Inflorescence erect with up to 70 flowers. Flower yellow, variably with red-orange or orange-red bars or dots on the sepals and petals, the lip callus yellow spotted and rimmed red-orange. Sepals and petals truncate apically, petals bilaterally notched midlength, lateral sepals fused at base. Lip three lobed, lateral lobes flat oval, almost truncate apically, midlobe oval, somewhat notched. Basal callus two thick masses of warty wing-like structures, apical callus two short diverging lamella, and two more low paralel keels at the end of callus. Column is very thick at base, up to the edge of stigma and column has acute thick triangular facing forward wings.

***

Campaccia venusta

Encontrada no ES, RJ, SP, PR, SC e RS, entre 200 e 700 metros de altitude, epífita. Apresenta pseudobulbos aglomerados, compridos, espessos, fusiformes, verde claros, com até três folhas. A inflorescência é ereta com até 70 flores amarelas, variavelmente desenhadas, com barras ou pintas

Campaccia venusta

vermelhas nas sépalas pétalas e labelo. As sépalas e pétalas são espatuladas, levemente truncadas no ápice, as pétalas com certo estreitamento lateral intermediário e sépalas laterais divergentes, fundidas só na base. O labelo é claramente trilobado, com lobos laterais planos, ovais, e levemente truncados no ápice; um disco plano margeado de vermelho ao redor do calo, e lobo intermediário oval, por vezes obscuramente fendido no ápice. O calo é espesso, com uma ampla plataforma verrucosa basal que se expande lateralmente em duas estruturas que lembram asas, e termina em uma lamela central bifurcada em duas protuberâncias; no final, mais duas lamelas paralelas baixas. A coluna apresenta grande espessamento abaixo do estigma; as asas da coluna são longas e espalham-se obliquamente ao lado do estigma.

Carriella

Carriella colorata

Carriella

Carriella V.P.Castro & K.G.Lacerda (2006). Type: *Carriella colorata* (Königer & J.G.Weinm.bis) V.P.Castro & K.G.Lacerda (2006). ***Carria*** V.P.Castro & K.G.Lacerda (2005).

This genus to date only has one species. The plant is fairly unremarkable, being small in size, but the flowers are stunning both in their color and their shape. The flattened oval green-yellow pseudobulbs are clumped and apically there is a single darker green leaf. The sepals are spatulate and the petals are almost pandurate with lateral horns. The lip and callus are reminiscent of *Baptistonia*, but column and stigma are not similar.

***

Este gênero tem só uma espécie. A planta parece bastante comum, pequena, mas as flores são extraordinárias, tanto em cor como forma. Seus pseudobulbos são ovais, verde-amarelados, aglomerados, com uma só folha. As sépalas são espatuladas, e as pétalas, quase panduradas, com alargamentos laterais. O labelo e o calo assemelham-se aos de *Baptistonia* mas a coluna e a abertura estigmática são diferentes.

Carriella colorata

Carriella colorata (Königer & J.G.Weinm.bis) V.P.Castro & K.G.Lacerda (2006); ****Oncidium coloratum*** Königer & J.G.Weinm.bis (1994); ***Carria colorata*** (Königer & J.G.Weinm.bis) V.P.Castro & K.G.Lacerda (2005); ***Baptistonia colorata*** (Königer & J.G.Weinm.bis) Chiron (2008); ***Gomesa colorata*** (Königer & J.G.Weinm.) M.W.Chase & N.H.Williams (2009).

Carriella colorata

Pseudobulbs 1.5 cm long x 0.7 cm wide
Leaves 4-4.5 cm long x 0.8-1.2 cm wide
Inflorescence 4-10 cm or more long
Flowers 3 cm wide
Sepals 1 cm long x 0.5 cm wide
Petals 0.8 cm long x 0.5 cm wide
Lip 0.8 cm long x 0.6 cm wide
Column 0.5 cm long

Carriella colorata

From ES, at 300 meters in elevation, growing epiphytically. Pseudobulbs ovate with one leaf. Inflorescence ascending raceme with up to 8 flowers. Flower yellow, sepals transverse barred in mid portion deep red, petals red, callus red. Sepals and petals spatulate with long thin basal portion, petals with incurved lateral portions/horns. Lip three lobed, lateral lobes thin, medial lobe rhomboid, at the midline is a gently raised and reflexing portion with triangular lateral areas. Callus 4 protuberances at base, the exterior two protuberances rounded, interior ones smaller and diverging, mid callus are two lamella that diverge at mid lip length. Column straight.

***

Carriella colorata

Endêmica do Espírito Santo, encontrada a cerca de 300 metros de altitude, epífita. Apresenta pseudobulbos ovais, lateralmente comprimidos, com uma folha apenas. A inflorescência é racemosa e ascendente com até oito flores amarelas. As sépalas apresentam grande mancha vermelha central; as pétalas são vermelhas a partir da metade do comprimento; o calo e lobos laterais do labelo são vermelhos; o lobo intermediário, amarelo. As sépalas e pétalas são espatuladas com base longa e estreita;

Carriella colorata

a porção intermediária das pétalas sofre uma inflexão de curvatura nas margens, com pequeno ápice agudo. Os lobos laterais do labelo são estreitos e o intermediário, romboidal; na linha central há uma área elevada e refletida, de laterais triangulares. O calo é formado por quatro protuberâncias na base; as duas exteriores, arredondadas; as centrais, menores e divergentes; na porção central do calo, duas lamelas divergentes a partir da metade do comprimento do labelo. A coluna é reta.

Coppensia

Coppensia varicosa

Coppensia

Coppensia Dumort. (1835). Type: *Oncidium bifolium* Sims (1812). = *Coppensia bifolia* (Sims) Dumort. (1835). ***Ampliglossum*** Campacci (2006); ***Rhinocidium*** Baptista (2006); ***Rhinocerotidium*** Szlach. (2006); ***Castroa*** Guiard (2006); ***Menezesiella*** Chiron & V.P.Castro (2006).

These species as a group can be epiphytic or geophytic or lithophytic, but most species are found either as an epiphyte or as a terrestrial but not both, which makes an easy way to classify them. Some species have fusiform, very compressed pseudobulbs along a scandent (climbing) rhizome, however, the majority of species have slightly compressed pseudobulbs on caespitose (plants growing in a tuft) rhizomes. The plants have basal flexible green leaves that more or less sheathe the pseudobulb and also have apical leaves, usually two but sometimes three. The pseudobulbs are green or yellow-green, oval or ovate. The inflorescences can be arched or erect (long paniculate or racemose); for the most part, the terrestrials are erect and the epiphytes are arched. The small yet showy flowers have small sepals and petals; the sepals a bit smaller than the petals and the lateral sepals are fused basally to varying degrees. The lip has distinct oblong lateral lobes and the lip midlobe becomes broad apical to the lip callus and isthmus. The callus is of variable composition depending on the species. The column is perpendicular to or slightly angled forward from the plane of the lip. In some species, the column curves or arches forward or ventrally. The stigma is very oval and open, with an open roof at sides of viscidium. The column wings are either absent or minimal to broad and concave depending on the species.

The genus *Coppensia* is a group of varied species with species that have flowers that are large as well as species that have small flowers. The species in this genus have been previously placed in sections of *Oncidium*. In recent years, some of the species with very small flowers within *Coppensia* have been classified in *Rhinocidium* or *Menezesiella*. The both of these genera have a complex callus that forms a plate or series of plates but the *Rhinocidium* are species that add a distinct horn to the callus structure. Preliminary molecular studies have not supported *Rhinocidium* or *Menezesiella* as separate genera, so we will leave the species as *Coppensia*.

Key to the species:

1. Epiphytic species, go to **2**
    2. Pseudobulbs clearly separate by very long climbing rhizome, go to **3**
        3. flowers yellow - ***C. flexuosa***
        3. flowers white with brown-red - ***C. warmingii***
    2. Pseudobulbs clumped along rhizome, go to **4**
        4. Pseudobulbs 4–7 cm long, column with conspicuous wings, go to **5**
            5. Flowers small (2 cm or smaller), basal callus a transverse bar, apical callus a multi-verrucose mass - ***C. welteri***
            5. Flowers larger flowers (2.5-5 cm wide), basal callus a warty elevated plate apical callus warty with few longer protuberances, go to **6**
                6. Lip with short lateral lobes obliquely arranged, lip with conspicuous triangular isthmus, callus not extend entire isthmus length - ***C. bifolia***
                6. Lip with large lateral lobes perpendicularly arranged; isthmus short, only a narrowing leading to the medial lobe, callus extends up to base of midlobe - ***C. varicosa***
        4. Pseudobulbs 2–3.5 cm, column without conspicuous wings, go to **7**
            7. Disc or callus composed of basal calli and a separate one-horned callus apically, go to **8**
                8. Callus short, one-horned; basal callus thick transverse elevated plate (inverted U); column with longitudinal plate basal to the stigma - ***C. viperina***
                8. Callus long, one-horned; proximal callus a saddle shaped plate, column without infrastigmatic tabula elevation basal to stigma - ***C. longicornu***
            7. Disc composed of connected complex calli without a one-horned callus, go to **9**
                9. Lip with long narrow pandurate mid lobe; only one complex callus - ***C. ranifera***
                9. Lip with reniform mid lobe; two disconnected calli - ***C. ouricanensis***
1. Terrestrial or lithophytic species, go to **10**
    10. Pseudobulbs 6–10 cm long, inflorescences long, erect, usually with branched panicle, callus verrucose consisting of two distinct digit form groups of calli, go to **11**
    11. Petals obscurely triangular acuminate, pointed at apex - ***C. doniana***
    11. Petals obscurely rectangular or oval, petal apex obtuse (rounded), go to **12**
        12. Rachis is a 10-15-branch apical panicle (ca. 60-150 flowers), basal callus a

warty plate - ***C. ramosa***

12. Rachis is a 1-5-branch panicle (ca. 12-40 flowers), basal callus a transverse row of protuberances - ***C. hydrophila***

10. Pseudobulbs 1.5–5 cm long, inflorescence erect or slightly arched with raceme or rarely branched panicle, callus verrucose or lamellate, go to **13**

13. Exclusively lithophytic species having keikis on inflorescence - ***C. vasconcelosiana***

13. Terrestrial or lithophyte; no keikis on inflorescence, go to **14**

14. Pseudobulbs 2-3-foliate; callus ±5 protuberances that are broad - ***C. barbaceniae***

14. Pseudobulbs 1-2-foliate; callus verrucose, go to **15**

15. Pseudobulbs fusiform, 2- foliate, rigid leaves (10-15 cm long; 2 cm wide); flowers with hot pink calli - ***C. spiloptera***

15. Pseudobulbs ovate, 1-2-foliate, narrow flexible leaves (3.5-7 cm long; 1-1.5 cm wide); flowers with brown calli - ***C. isoptera***

***

As *Coppensia* podem ser terrestres, epífitas ou rupícolas, no entanto, cada uma delas normalmente assume apenas um desses hábitos, o que de certa forma facilita sua classificação. Algumas espécies têm pseudobulbos fusiformes, bastante comprimidos lateralmente, separados por rizoma ascendente, mas a maioria das espécies apresenta pseudobulbos ovais ou obovados, apenas levemente comprimidos, mais ou menos aglomerados ou separados por rizoma curto. Os pseudobulbos são verdes, verde-claro, ou amarelados, guarnecidos por bainhas foliares basais, e geralmente têm duas ou mais folhas apicais flexíveis. A inflorescência pode ser ereta ou arqueada, longamente paniculada ou racemosa. Na maioria das espécies terrestres, incluídas as rupícolas, a inflorescência é longa e ereta; nas epífitas, um tanto arqueadas. As flores são habitualmente pequenas mas vistosas, com sépalas e pétalas pequenas; as primeiras pouco menores que as segundas, com sépalas laterais fundidas em medidas diversas. O labelo tem lobos laterais variados e o lobo intermediário costuma ser bastante amplo. O calo é formado por estruturas diferentes conforme a espécie. A coluna é perpendicular ou levemente inclinada para a frente em relação ao plano do labelo, em algumas espécies são curvas, dorsal ou ventralmente. A abertura estigmática é ampla, oval. As asas da coluna estão ausentes ou são mínimas, até largas e côncavas.

O gênero *Coppensia* agrupa espécies grandes e pequenas, com poucas ou muitas flores, que anteriormente formavam seções diversas de *Oncidium*. Por sua diversidade, nos anos recentes, algumas de suas espécies, de poucas flores e plantas menores, com calos diferentes, estiveram classificadas em *Rhinocidium* e *Menezesiella*. Estudos moleculares preliminares, aparentemente, não comprovaram esta proposta de classificação de modo que aqui estamos considerando-as parte deste gênero.

Chave de identificação das espécies:

1. Espécies epífitas, ver **2**
    2. Pseudobulbos separados por rizoma ascendente muito longo, ver **3**
        3. Flor amarela - ***C. flexuosa***
        3. Flor branca e rosa - ***C. warmingii***
    2. Pseudobulbos quase aglomerados ou separados por rizoma ascendente curto, ver **4**
        4. Coluna com asas notáveis, ver **5**
            5. Flores medindo até 2 cm, calo formado por massa multiverrucosa quase esférica - ***C. welteri***
            5. Flores maiores que 2,5 cm, calo formado por verrugas destacadas e carenas altas, ver **6**
                6. Lobos laterais do labelo pequenos, estendendo-se em direção à base - ***C. bifolia***
                6. Lobos laterais do labelo grandes, estendendo-se lateralmente - ***C. varicosa***
        4. Colunas sem asas ou com asas insignificantes, ver **7**
            7. Calo com destacada lamela ou corno final, ver **8**
                8. Calo composto por ampla plataforma paralela ao labelo, da mesma altura da lamela apical - ***C. viperina***
                8. Calo composto por ampla lamela tranversal e perpendicular ao labelo, muito mais baixa que o corno apical - ***C. longicornu***
            7. Calo sem destacada lamela ou corno final, ver **9**
                9. Calo composto por somente uma estrutura complexa - ***C. ranifera***
                9. Calo composto por duas estruturas separadas longitudinalmente - ***C. ouricanensis***
1. Espécies rupícolas ou terrestres, ver **10**
    10. Pseudobulbos com mais de 6 cm, calo formado por duas estruturas digitiformes distintas, ver **11**
        11. Pétalas obscuramente triangulares e acuminadas - ***C. doniana***
        11. Pétalas obscuramente retangulares ou ovais, ver **12**
            12. Inflorescência com mais de dez panículas e de 60 flores, calo basal em plataforma verrucosa - ***C. ramosa***
            12. Inflorescência com até cinco panículas e até 40 flores, calo basal formado por uma carreira de protuberâncias - ***C. hydrophila***
    10. Pseudobulbos medindo até 5 cm, calo verrucoso ou carenado, ver **13**
        13. Inflorescência com keikis - ***C. vasconcelosiana***
        13. Inflorescência sem keikis, ver **14**
            14. Calo formado por cerca de cinco largas protuberâncias - ***C. barbaceniae***
            14. Calo verrucoso, ver **15**
                15. Flores de calo rosa forte - ***C. spiloptera***
                15. Flores de calo marrom - ***C. isoptera***

Coppensia barbaceniae

Coppensia barbaceniae

Coppensia barbaceniae

Coppensia barbaceniae

Coppensia barbaceniae (Lindl.) Campacci (2006); ****Oncidium barbaceniae*** Lindl. (1855); ***Oncidium uliginosum*** Barb.Rodr. (1877); ***Oncidium montanum*** Barb.Rodr. (1877); ***Oncidium fuscans*** Rchb.f. (1881); ***Oncidium edmundoi*** Pabst (1972); ***Coppensia edmundoi*** (Pabst) Campacci (2006); ***Coppensia fuscans*** (Rchb.f.) Campacci (2006); ***Coppensia montana*** (Barb.Rodr.) Campacci (2006); ***Ampliglossum barbaceniae*** (Lindl.) Campacci (2006); ***Ampliglossum edmundoi*** (Pabst) Campacci (2006); ***Ampliglossum fuscans*** (Rchb.f.) Campacci (2006); ***Ampliglossum montanum*** (Barb.Rodr.) Campacci (2006); ***Coppensia reichertii*** L.C.Menezes & V.P.Castro (2008); ***Gomesa barbaceniae*** (Lindl.) M.W.Chase & N.H.Williams (2009); ***Gomesa fuscans*** (Rchb.f.) M.W.Chase & N.H.Williams (2009); ***Gomesa edmundoi*** (Pabst) M.W.Chase & N.H.Williams (2009); ***Gomesa montana*** (Barb.Rodr.) M.W.Chase & N.H.Williams (2009); ***Gomesa reichertii*** (L.C.Menezes & V.P.Castro) M.W.Chase & N.H.Williams (2009).

Pseudobulbs 2.5 cm long x 2 cm wide
Leaves 15 cm long x 1 cm wide
Inflorescence 25 cm long
Flowers 2 cm wide
Dorsal sepal 0.9 cm long x 0.4 cm wide
Lateral sepals 1.2 cm long x 0.3 cm wide
Petals 1 cm long x 0.4 cm wide
Lip 1.8 cm long x 1.7 cm wide

From ES, MG, RJ, SP, PR, SC, at 800-1600 meters in elevation, growing terrestrially. Pseudobulbs clumping, ovate, not flattened, with 2-3 leaves. Inflorescence erect panicle with up to 10 flowers. Flower yellow, sepals and petals brown or brown-red almost entirely, lip callus yellow. Sepals elliptic and petals ovate, narrowed at base, lateral sepals elliptic, fused at base only and diverging. Lip 3 lobed, lateral lobes small to fairly large, triangular, midlobe 2-4 lobed. Callus five long, broad, protuberances or lamellae, one midline, four on either side. Column with wide wings and a broad flat midline plate on the forward facing surface basally.

We have included *Oncidium edmundoi* Pabst, from Rio de Janeiro State, as a synonym of *C. barbaceniae*, but this a guess. The type locality is within the region of *C. barbaceniae*, the shape of the lip flower parts is within our definition of the species, the only difference is the callus. Its lip is 3 lobed, lateral lobes moderately large truncate, medial lobe with no isthmus, 4 lobed. Callus is an inverted U composed of a series of warts.

***

Encontrada no ES, MG, RJ, SP, PR e SC, entre 800 e 1600 metros de altitude, terrestre. Apresenta pseudobulbos aglomerados, ovais, não achatados, com até três folhas. A inflorescência é paniculada, ereta, com até dez flores amarelas, de sépalas e pétalas quase inteiramente marrons. As sépalas são elípticas, as laterais fundidas apenas na base, divergentes; as pétalas são ovais, mais estreitas na base; o labelo tem lobos laterais de pequenos a bastante grandes, triangulares; o lobo intermediário é bi ou tetralobado. O calo é formado por cinco grandes e altas lamelas. A coluna tem asas amplas e tábula infra-estigmática larga.

Incluímos provisóriamente a *Coppensia edmundoi*, nativa do Rio de Janeiro, como um sinônimo da *C. barbaceniae*. A coleta original provém da mesma área da *C. barbaceniae* e em tudo corresponde à nossa descrição. A única diferença é o calo que, supostamente, é formado por um U invertido, além de algumas verrugas. Não encontramos qualquer planta assim.

Coppensia barbaceniae

Coppensia barbaceniae

Coppensia bifolia

Coppensia bifolia (Sims) Dumort. (1835); ****Oncidium bifolium*** Sims (1812); ***Oncidium maculosum*** Lindl. (1837); ***Oncidium bicolor*** Lindl. (1843); ***Oncidium celsianum*** A. Rich. (1844); ***Oncidium martianum* var. *bicolor*** Lindl. (1855); ***Oncidium chrysothyrsus*** Rchb.f. ex R.Warner (1865); ***Oncidium batemanianum*** Griseb. 337 (1879), *nom. Illeg.*; ***Oncidium bifolium* var. *majus*** Williams (1885); ***Oncidium beyrodtianum*** Schltr. (1910); ***Coppensia bicolor*** (Lindl.) Campacci (2006); ***Ampliglossum bicolor*** (Lindl.) Campacci (2006); ***Ampliglossum bifolium*** (Sims) Campacci (2006); ***Gomesa bicolor*** (Lindl.) M.W.Chase & N.H.Williams (2009); ***Gomesa bifolia*** (Sims) M.W.Chase & N.H.Williams (2009); ***Gomesa chrysothyrsus*** (Rchb.f. ex Warn.) M.W.Chase & N.H.Williams (2009); ***Oncidium bifolium* var. *Federal*** Hort..

Coppensia bifolia

Coppensia bifolia

Coppensia bifolia

Coppensia bifolia

Pseudobulbs 2 cm long x 3 cm wide
Leaves 10-16 cm long x 1.0-1.4 cm wide
Inflorescence 20 cm long
Flowers 3 cm wide
Sepals 1 cm long x 0.5 cm wide
Petals 1 cm long x 0.6 cm wide
Lip 2.3 cm long x 2.8 cm wide
Column 0.6 cm long

From Uruguay, Argentina, Paraguay, Bolivia, and Brazil in PR, SC, RS, at 100-800 meters in elevation, growing epiphytically. Climbing plant with short rhizome. Pseudobulbs elongate, flattened with 2-3 leaves. Inflorescence erect or pendent panicle with up to 25 flowers. Flower yellow, sepals and petals with red transverse bars and callus with red-brown markings. Sepals ovate, lateral sepals fused to ½ length, and petals ovate elliptic, narrowed at base. Lip 3 lobed with a conspicuous triangular isthmus, lateral lobes small, oval, midlobe with multiple notches at apex. Callus does not extend over entire isthmus to midlobe, basal callus a warty elevated transverse plate, apical callus warty with some longer protuberances. Column with truncate wings and flat basal anterior surface.

Coppensia bifolia is a species that has a great variability and a large area of distribution. *Oncidium chrysothyrsus* and *O. bicolor* we consider examples of the multiple morphologic variations that *C. bifolia* can assume.

***

Encontrada no Uruguai, Argentina, Paraguai, Bolívia, e no PR, SC e RS, entre 100 e 800 metros de altitude, epífita, de crescimento cespitoso ascendente. Apresenta pseudobulbos fusiformes, pouco comprimidos, com até três folhas. A inflorescência é arqueada, paniculada, com muitas flores amarelas, de pétalas e sépalas com marcas marrom-avermelhado. As sépalas são ovais, as laterais fundidas até a metade; e as pétalas, elípticas, estreitas na base. O labelo tem pequenos lobos laterais ovais, istmo triangular, e lobo intermediário com até três reentrâncias na margem. O calo é composto por uma plataforma basal triangular seguido por diversas verrugas longas. A coluna tem asas truncadas de margem irregular.

A *Coppensia bifolia* é uma espécie de ampla área de dispersão e enorme variabilidade. As descrições do *Oncidium chrysothyrsus* e do *O. bicolor* são exemplos dessa variação.

Coppensia bifolia

Coppensia doniana

Coppensia doniana (Batem. ex W. Baxter) Campacci (2006); **Oncidium donianum*** Bateman ex W.Baxter (1850); ***Oncidium batemannianum*** Cogn. non Parm. ex Knowles & West. (1906); ***Oncidium mixtum*** Schltr. (1926); ***Oncidium adamantinum*** Marçal & Cath. (2006); ***Ampliglossum donianum*** (Batem. ex W. Baxter) Campacci (2006); ***Coppensia adamantina*** (Marçal & Cath.) Cath. (2008); ***Gomesa adamantina*** (Marçal & Cath.) M.W.Chase & N.H.Williams (2009); ***Gomesa doniana*** (Batem. ex W.Baxt.) M.W.Chase & N.H.Williams. (2009).

Coppensia doniana

Pseudobulbs 3.5-4 cm long x 1.7-2 cm wide
Leaves 25 cm long x 1 cm wide
Inflorescence 30-50 cm long
Flowers 1 cm wide
Sepals 0.5-0.9 cm long x 0.4-0.5 cm wide, lateral sepals 0.6-0.9 cm long x 0.4-0.5 cm wide
Petals 0.5-0.9 cm long x 0.4-0.6 cm wide
Lip 1.2-1.5 cm long x 1 cm wide
Column 0.4 cm long

From BA, ES, RJ, SP, PR, SC, at 600-1800 meters in elevation, growing lithophytically. Pseudobulbs obovate, clustered with 2-4 leaves. Inflorescence erect panicle with up to 10 yellow flowers. Sepals and petals heavily barred with brown, callus red-brown. Sepals and petals obovate with narrow base, petals obscurely triangular. Lip three lobed, lateral lobes small, obscurely triangular, midlobe transversely obovate. Callus two parted, each with multiple digitiform processes. Column with wide elliptic wings and a flat plate forward facing basally.

Coppensia doniana

Coppensia doniana

Coppensia doniana

Coppensia flexuosa

Some authors mistakenly confused *Oncidium maculatum* var. *donianum*, Rchb.f. now a synonym of *O. hintonii*, with *O. donianum* Bateman ex W. Baxter. *Oncidium maculatum* var. *donianum* is a different taxon that inhabits Central America.

***

Encontrada na BA, ES, RJ, SP, PR e SC, entre 600 e 1800 metros de altitude, rupícola. Apresenta pseudobulbos obovados, aglomerados, com até quatro folhas. A inflorescência é paniculada, ereta, com até dez flores amarelas, de sépalas e pétalas pesadamente marcadas de marrom-claro, ambas obovadas, de bases estreitas, as pétalas obscuramente mais triangulares. O labelo tem lobos laterais pequenos; e intermediário, transversalmente obovado. O calo é composto por duas estruturas com múltiplos processos digitiformes. A coluna tem asas elípticas largas e tábula infra-estigmática chata.

Alguns autores confundiram o *Oncidium maculatum* var. *donianum*, Rchb.f., hoje um sinônimo do *O. hintonii*, com o *O. donianum* Bateman ex W. Baxter. O *Oncidium maculatum* var. *donianum* é uma espécie diferente, da América Central.

Coppensia flexuosa

Coppensia flexuosa (Lodd.) Campacci (2006); ****Oncidium flexuosum*** Lodd. (1820); ***Oncidium flexuosum*** Sims, (1821); ***Oncidium megalopterum*** Kraenzl. (1922); ***Epidendrum lineatum*** Vell. (1831); ***Oncidium haematochrysum*** Rchb.f. (1849); ***Oncidium haematoxanthum*** Rchb.f. ex Lindl. (1855); ***Oncidium flexuosum* var. *citrinum*** Regel (1855); ***Oncidium flexuosum* var. *minus*** Hort. (1857); ***Oncidium flexuosum* var. *radiatum*** Rchb.f. (1872); ***Oncidium flexuosum* var. *majus*** Hort. 486 (1886); ***Oncidium flexuosum* var. *unicolor*** Hort. (1900); ***Oncidium majevskyi*** Toscano & V.P.Castro (1983); ***Coppensia majevskyi*** (Toscano & V.P.Castro) Campacci (2006); ***Ampliglossum flexuosum*** (Lodd.) Campacci (2006); ***Gomesa flexuosa*** (Sims) M.W.Chase & N.H.Williams (2009); ***Gomesa majevskyi*** (Toscano & V.P.Castro) M.W.Chase & N.H.Williams (2009); ***Gomesa megaloptera*** (Kraenzl.) M.W.Chase & N.H.Williams (2009).

Pseudobulbs 4-7 cm long x 1.5-3 cm wide
Leaves 14-25 cm long x 2-3.5 cm wide
Inflorescence 50 cm or more long
Flowers 2 cm wide
Sepals 1 cm long x 0.4 cm wide
Petals 0.9 cm long x 0.5 cm wide
Lip 2 cm long x 2.5 cm wide
Column 0.6 cm long

From PA, PE, AL, BA, ES, MG, RJ, SP, PR, SC, RS, at sea level-1200 meters in elevation, most commonly epiphytic. Climbing plant with long rhizome. Pseudobulbs oval, very flattened with 2 leaves. Inflorescence erect panicle with many flowers. Flower yellow, sepals and petals and callus with red-brown markings. Sepals and petals elliptic, narrowed at base, lateral sepals fused 1/3 to ½ length. Lip 3 lobed, lateral lobes small, midlobe short pandurate with notch at apex. Callus with short hairs proximally appearing like a low cushion, and two 2 calli masses with 3-5 digitiform process apically.

The author of the type description is Loddiges and not Sims. Hooker, when describing *O. flexuosum*, made a mistake and attributed it to Sims instead of Conrad Loddiges. M. W. Chase & N. H. Williams continued the error.

***

Encontrado no PA, PE, AL, BA, ES, MG, RJ, SP, PR, SC e RS, entre o nível do mar e 1200 metros de altitude, quase sempre epífita. Trata-se de espécie variável que apresenta pseudobulbos muito achatados, ovais, separados por longo rizoma ascendente, com duas folhas. A inflorescência é ereta, paniculada, com flores apenas na extremidade. As flores são amarelas, ocasionalmente com marcas avermelhadas em todos os segmentos. As sépalas e pétalas são elípticas, estreitas na base. As sépalas laterais são fundidas até a metade do comprimento. O labelo tem pequenos lobos laterais e lobo intermediário curto, em leque, fendido no ápice.

Coppensia flexuosa

Coppensia flexuosa

Coppensia flexuosa

Coppensia flexuosa

Coppensia hydrophila

Coppensia hydrophila

O calo é recoberto de pelos curtos quase invisíveis na base e, no ápice, cinco grandes verrugas, as intermediárias em parte variavelmente fundidas.

O autor desta descrição é Loddiges e não Sims. Ao descrever o *O. flexuosum*, Hooker confundiu-se atribuindo-o a Sims em vez de Conrad Loddiges. M. W. Chase & N. H. Williams repetiram o engano.

Coppensia hydrophila

Coppensia hydrophila (Barb. Rodr.) Campacci (2006); **Oncidium hydrophilum*** Barb.Rodr. (1877); ***Oncidium hydrophilum* var. *immaculatum*** L.C.Menezes (1991); ***Oncidium chapadense*** V.P.Castro & Campacci (1992); ***Oncidium hydrophilum* f. *immaculatum*** (L.C.Menezes) Christenson (1996); ***Coppensia chapadensis*** (V.P.Castro & Campacci) Campacci (2006); ***Coppensia sincorana*** Campacci & Catharino (2006); ***Ampliglossum chapadense*** (V.P.Castro & Campacci) Campacci (2006); ***Ampliglossum hydrophilum*** (Barb. Rodr.) Campacci (2006); ***Coppensia rupestris*** Docha Neto (2007); ***Gomesa chapadensis*** (V.P.Castro & Campacci) M.W.Chase & N.H.Williams (2009); ***Gomesa hydrophila*** (Barb.Rodr.) M.W.Chase & N.H.Williams (2009); ***Gomesa sincorana*** (Campacci & Cath.) M.W.Chase & N.H.Williams (2009); ***Gomesa rupestris*** (Docha Neto) Lueckel (2010).

Pseudobulbs 3-3.5 cm long x 2.5-3 cm wide
Leaves 18-25 cm long x 7-10 cm wide
Inflorescence 70-80 cm
Flowers 2-3 cm wide
Sepals 0.5-0.7 cm long x 0.3 cm wide
Petals 0.9 cm long x 0.5 cm wide
Lip 1.3-1.5 cm long x 1.9-2.2 cm wide
Column 0.4 cm long

From BA, TO, GO, ES, RJ, SP, PR, SC, RS, at 50-1200 meters in elevation, growing terrestrially. Pseudobulbs rectangular to oval to fusiform with 2 rather stiff leaves. Inflorescence erect with up to 10 flowers. Flower yellow, sepals and petals heavily marked with brown-red, callus brown-red, reverse lip surface often red. Sepals and petals oval, narrow at base. Lip 3 lobed, lateral lobes small rounded, medial lobe bilobed or four-lobed, notched at apex. Basal callus a transverse row of multiple protuberances, the apical callus bifurcates into longitudinal groups of protuberances with central portion of protuberances of same length. Column with wide elliptic wings and a flat plate on the forward facing surface basally.

***

Encontrada na BA, TO, GO, ES, RJ, SP, PR, SC e RS, entre 50 e 1200 metros de altitude, terrestre. Apresenta pseudobulbos retangulares, ou de ovais a fusiformes, com duas folhas. A inflorescência é ereta com até dez flores na extremidade. As flores são amarelas com marcas marrom-avermelhado. Normalmente o verso do labelo é avermelhado. As sépalas e pétalas são ovais, estreitas na base. O labelo tem pequenos lobos laterais arredondados, e lobo intermediário, bi ou tetralobado, fendido no ápice. O calo basal é formado por uma carreira transversal de protuberâncias digitiformes; e o calo apical, bifurcado em outros grupos longitudinais de protuberâncias, com uma central principal, do mesmo comprimento. A coluna tem largas asas elípticas, e tábula infra-estigmática plana. Muito simiar à *Coppensia ramosa*, desta distingui-se principalmente por sua inflorescência com poucas flores.

Coppensia hydrophila

Coppensia hydrophila

Coppensia isoptera

Coppensia isoptera (Lindl.) Campacci (2006); ****Oncidium isopterum*** Lindl. (1837); ***Ampliglossum isopterum*** (Lindl.) Campacci (2006); ***Gomesa isoptera*** (Lindl.) M.W.Chase & N.H.Williams (2009).

Pseudobulbs 2.5-3 cm long x 0.6-2 cm wide
Leaves 7-10 cm long x 1-2 cm wide
Inflorescence 20-30 cm long
Flowers 1.5 cm wide
Sepals 0.7- cm long x 0.4 cm wide
Lateral sepals 0.8 cm long x 0.25 cm wide
Petals 0.7 cm long x 0.4 cm wide
Lip 1 cm long x 0.7 cm wide
Column 0.4 cm long

Coppensia isoptera

Coppensia isoptera

Coppensia isoptera

From MG, at 300 - 1200 meters in elevation, growing rupiculously or terrestrially. Pseudobulbs clumping, ovate, with 2 leaves. Inflorescence erect panicle with up to 10 flowers. Flower yellow, sepals and petals brown or brown-red almost entirely, lip callus yellow with orange spots. Sepals and petals ovate, narrowed at base, lateral sepals elliptic, fused at the base only, diverging. Lip 3 lobed, lateral lobes small, oval, midlobe 2-4 lobed. Callus basally a plate with multiple fused protuberances, apically many warty protuberances that form two diverging longitudinal plates. Column with wide reniform wings and a flat plate on the forward facing surface basally.

***

Encontrada em Minas Gerais, entre 300 e 1200 metros de altitude, terrestre ou rupícola. Apresenta pseudobulbos ovais, aglomerados, com duas folhas. A inflorescência é ereta com até dez flores apenas na extremidade. As flores são amarelas com sépalas e pétalas quase inteiramente marrons. A sépala dorsal e as pétalas são ovais, estreitas na base; as laterais, elípticas, fundidas apenas na base, divergentes. O labelo tem pequenos lobos laterais ovais; e lobo intermediário, bi ou tetralobado. O calo é um aglomerado espesso multiverrucoso. A coluna tem largas asas reniformes e tábula infra-estigmática plana.

Coppensia longicornu

Coppensia longicornu

Coppensia longicornu (Mutel) F.Barros & V.T.Rodrigues (2010); ****Oncidium longicornu*** Mutel (1838); ***Oncidium unicornutum*** Knowles & Westc. (1838); ***Oncidium unicorne*** Lindl. (1839); ***Oncidium monoceras*** Hook. (1841); ***Oncidium rhinoceros*** Rchb.f. (1856); ***Oncidium gautieri*** Regel (1868); ***Oncidium macronyx*** Rchb.f. (1881); ***Oncidium longicornu* var. *gautieri*** (Regel) Cogn. (1905); ***Oncidium longicornu* var. *grossmannii*** Dammer (1907); ***Rhinocidium longicornu*** (Mutel) Baptista (2006); ***Rhinocerotidium longicornu*** (Mutel) Szlach. (2006); ***Rhinocerotidium rhinoceros*** (Rchb.f.) Szlach. (2006); ***Rhinocidium macronyx*** (Rchb.f.) Baptista (2006); ***Rhinocerotidium macronyx*** (Rchb.f.) Szlach. (2006); ***Gomesa longicornu*** (Mutel) M. W. Chase & N. H. Williams (2009);

Gomesa macronyx (Rchb.f.) M.W.Chase & N.H.Williams (2009); ***Gomesa rhinoceros*** (Rchb.f.) M.W.Chase & N.H.Williams (2009); ***Coppensia macronyx*** (Rchb. f.) F. Barros & V.T. Rodrigues (2010).

Pseudobulbs 4.5-6 cm long x 3-4 cm wide
Leaves 9-13 cm long x 1.5-2.5 cm wide
Inflorescence 30-50 cm long
Flowers 1.5 cm wide
Sepals 0.6 cm long x 2.5 cm wide
Petals 0.7 cm long x 0.3 cm wide
Lip 1-1.3 cm long x 0.8-0.9 cm wide
Column 0.5 cm long

From Uruguay, Argentina, Paraguay, and Brazil in RS, SC, PR, MG, RJ, SP, at 500-1800 meters in elevation, growing epiphytically. Pseudobulbs ovate with 2 leaves. Inflorescence an erect panicle with many flowers. Flower white-yellow to yellow, sepals and petals heavily overlaid with brown, callus orange. Sepals elliptic, lateral sepals fused at ½ length, and petals obovate. Lip three lobe, lateral lobes oval, medial lobe oval notched. Callus a transverse flat plate at base and apically a central horn. Column straight, simple, no wings or basal lamella.

Oncidium macronyx, from southern Brasil we believe is a variation of *Oncidium longicornu*. It differs from the typical *O. longicornu* in the proportions of the lip, being wider and with less isthmus in the midlobe, and having a proximal callus that has a slightly different implantation of the callus. We consider this to be with the normal variation of geographic isolates.

***

Encontrada no Uruguai, Paraguai, Argentina e no RS, SC, PR, MG, RJ e SP, entre 500 e 1800 metros de altitude, epífita. Apresenta pseudobulbos ovais alongados, lateralmente comprimidos, com duas folhas. A inflorescência é ereta com muitas flores amarelo-pálido com marcas grandes marrom-claro em todos os segmentos. As sépalas são elípticas; as laterais fundidas até a metade. As pétalas são ovais, estreitas na base.

Coppensia longicornu

Coppensia longicornu

Coppensia longicornu

Coppensia longicornu

O labelo tem lobos ovais; o intermediário, fendido no ápice. O calo é formado por uma lamela transversal elevada e por um longo corno central. A coluna é reta, sem asas.

O *Oncidium macronyx*, do sul do Brasil e países visinhos, é uma variação com labelo mais largo, e implantação levemente diferente do calo. Consideramos isto uma variação normal em espécie de tão ampla dispersão.

Coppensia ouricanensis

Coppensia ouricanensis

Coppensia ouricanensis (V.P. Castro & Campacci) F. Barros & V.T. Rodrigues (2010). ****Oncidium ouricanense*** V.P.Castro & Campacci (1992), ***Carenidium ouricanense*** (V.P.Castro & Campacci) Baptista (2006), ***Rhinocidium ouricanense*** (V.P.Castro & Campacci) Docha Neto (2007), ***Gomesa ouricanensis*** (V.P.Castro & Campacci) M.W.Chase & N.H.Williams (2009).

Pseudobulbs 4-4.5 cm long x 2-2.5 cm wide
Leaves 10-12 cm long x 1-1.5 cm wide
Inflorescence 20-30 cm long
Flowers 1.2 cm wide
Sepals 0.6 cm long x 0.5 cm wide, lateral sepals 0.6 cm long Petals 0.6 cm long x 2.5 cm wide
Lip 0.6 cm long x 0.7 cm wide
Column 0.4 cm long

Coppensia ouricanensis

From BA, at 200 meters in elevation, growing epiphytically. Pseudobulbs climbing along short rhizome. Leaves 1-2. Inflorescence erect panicle with many flowers. Flower yellow with brown spots on sepals and petals, callus red-brown. Sepals and petals elliptic with narrow base, lateral sepals fused for ¾ its length. Lip 3 lobed, lateral lobes small rounded, medial lobe notched and mucronate. Callus transverse bar basally, bilobed transverse bar at isthmus. Column with very tiny wings lateral to column.

***

Encontrada na Bahia a cerca de 200 metros de altitude, epífita. Apresenta pseudobulbos fusiformes, com duas folhas, separados por curto rizoma ascendente. A inflorescência é paniculada com muitas flores amarelas, esparsamente pintadas de vermelho. As sépalas e pétalas são elípticas, de base estreita; as sépalas laterais fundidas até mais da metade. Os lobos laterais do labelo são arredondados o intermediário mucronado e fendido. O calo é composto por duas estruturas alaranjadas completamente separadas. A coluna tem asas muito pequenas.

Coppensia ouricanensis

Coppensia ramosa

Coppensia ramosa (Lindl.) Campacci (2006); ****Oncidium ramosum*** Lindl. (1837); ***Oncidium batemanianum*** Parm. ex Knowles & Westc. (1840); ***Oncidium gallopavinum*** C.Morren (1845); ***Oncidium pinellianum*** Lindl. (1848); ***Oncidium blanchetii*** Rchb.f. (1849); ***Oncidium caldense*** Rchb.f. (1850); ***Oncidium stenopetalum*** Klotzsch (1855); ***Oncidium batemanianum* var. *ramosum*** Lindl. (1855); ***Oncidium mandonii*** Rchb.f. (1878); ***Oncidium sellowii*** Cogn. (1906); ***Oncidium boliviense*** Rolfe (1907); ***Oncidium williamsii*** Schltr. (1912); ***Oncidium brachystegium*** Kraenzl. (1922); ***Oncidium proliferum*** Rchb.f. ex Kraenzl. (1922); ***Oncidium paranapiacabense*** Hoehne (1938); ***Oncidium pontagrossense*** Campacci (1998); ***Ampliglossum batemannianum*** (Parment. ex Knowles & Westc.) Campacci (2006); ***Ampliglossum blanchetii*** (Rchb.f.) Campacci (2006); ***Ampliglossum mandonii*** (Rchb.f.) Campacci (2006); ***Ampliglossum paranapiacabense*** (Hoehne) Campacci (2006); ***Ampliglossum pontagrossense*** (Campacci) Campacci (2006); ***Ampliglossum ramosum*** (Lindl.) Campacci (2006); ***Ampliglossum sellowii*** (Cogn.) Campacci (2006); ***Ampliglossum williamsii*** (Schltr.) Campacci (2006); ***Coppensia caldensis*** (Rchb.f.) Docha Neto (2006); ***Coppensia batemanniana*** (Parm. ex Knowles & Westc.) Campacci (2006); ***Coppensia blanchetii*** (Rchb.f.) Campacci (2006); ***Coppensia mandonii*** (Rchb.f.) Campacci (2006); ***Coppensia paranapiacabensis*** (Hoehne) Campacci (2006); ***Coppensia pontagrossensis*** (Campacci) Campacci (2006); ***Coppensia sellowii*** (Cogn.) Campacci (2006); ***Coppensia williamsii*** (Schltr.) Campacci (2006); ***Coppensia mantiqueirensis*** Campacci (2007); ***Gomesa batemanniana*** (Parm. ex Knowles & Westc.) M.W.Chase & N.H.Williams (2009); ***Gomesa blanchetii*** (Rchb.f.) M.W.Chase & N.H.Williams (2009); ***Gomesa caldensis*** (Rchb.f.) M.W.Chase & N.H.Williams (2009); ***Gomesa mandonii*** (Rchb.f.) M.W.Chase & N.H.Williams (2009); ***Gomesa paranapiacabensis*** (Hoehne) M.W.Chase & N.H.Williams (2009); ***Gomesa ramosa*** (Lindl.) M.W.Chase & N.H.Williams (2009); ***Gomesa sellowii*** (Cogn.) M.W.Chase & N.H.Williams (2009); ***Gomesa williamsii*** (Schltr.) M.W.Chase & N.H.Williams (2009).

Coppensia ramosa

Coppensia ramosa

Coppensia ramosa - mantiqueirenses

C. ramosa- paranapiacabensis

Coppensia ramosa-caldensis

Pseudobulbs 4.5-6 cm long x 1.5-3.5 cm wide
Leaves 12-30 cm long x 2-3 cm wide
Inflorescence 50 cm long
Flowers 1.8-2,8 cm wide
Sepals 0.6-0.9 cm long x 0.3-0.7 cm wide
Lateral sepals 0.9-1.2 cm long x 0.3-0.6 cm wide
Petals 0.7-1 cm long x 0.5-0.8 cm wide
Lip 1.2-2.8 cm long x 1.2-2.4 cm wide
Column 0.5-0.7 cm long

From Bolivia, Peru, and Brasil, AC, RO, MT, MS, GO, MG, PE, BA, MG, ES, RJ, SP, PR, SC, RS at 300-1100 meters in elevation, growing rupiculously or terrestrially. Pseudobulbs clumping, ovate, with 2-3 leaves. Inflorescence an erect panicle with up to 40 flowers. Flower white or yellow, sepals and petals from entirely yellow to brown or with large brown or brown-red markings, lip with small red or purple spots. Sepals and petals ovate, narrowed at base, lateral sepals elliptic fused at base minimally, held at right angles to flower. Lip 3 lobed, lateral lobes small, oval at apexes, midlobe bilobed. Callus in two parts, basally a plate with multiple protuberances, apically three longitudinal warty protuberances. Column with wide elliptic wings and a flat plate on the forward facing surface basally.

This species has a wide distribution in Brazil and several other countries in various habitats: shade, sun, on plains, riparian areas, high savannah, and campos rupestres (rocky area with sand and low vegetation). This wide distribution has resulted in differences, mostly vegetative and often seen within populations at one collection site, and causing a large number of different species being described for what we consider to be one variable species with flowers that have such minor and subtle differences making it impossible to draw a line defining these variations. Normally all show the same angle formed between the lip lobes and same callus structure. The lip proportions and number as colors of the flowers are much variable. Here we show photographs of some of most extreme variations, but there are tens of intermediates.

Oncidium caldense is a variation sometimes with almost entirely yellow flowers and small intermediate lip lobe. *Coppensia mantiqueirensis* is the variation with smallest intermediate lip lobe, which even here is variable in size and may be almost entirely brown or yellow with red-brown dots, frequently on the back too, it is more paniculate with more flowers, and it has showy brown color sepals and petals; its callus is more robust. *Coppensia paranapiacabensis* has small red-brown dots on the flower segments, more climbing an longer rhizome, and a huge lip with delicate callus. *Oncidium pontagrossense* is from MG, ES, RJ, SP, PR, SC, RS, in Serra do Mar, and it shows a white lip.

Coppensia ramosa-pontagrossensis

***

Encontrada na Bolívia, Peru e no AC, RO, MT, MS, GO, MG, PE, BA, MG, ES, RJ, SP, PR, SC e RS entre 300 e 1100 metros de altitude, rupícola ou terrestre. Apresenta pseudobulbos mais ou menos agregados, ovais ou alongados, com até três folhas. A inflorescência é paniculada, com até 40 flores brancas ou amarelas, de segmentos de inteiramente amarelos a marrons, ou amarelos com pintas ou manchas marrons, o labelo pode ser ocasionalmente branco. A sépala dorsal e pétalas são ovaladas, estreitas na base; as sépalas laterais elípticas, fundidas só na base, divergentes. O labelo tem lobos laterais pequenos, ovais no ápice, inclinados a 45º; o intermediário é muito variável em tamanho e forma, fendido no ápice. O calo é formado por um aglomerado de protuberâncias basais variavelmente fundidas, e três longas protuberâncias verrucosas digitiformes apicais. A coluna tem asas elípticas largas e tábula infra-estigmática também larga.

Coppensia ramosa

Esta espécie, de enorme área de ocorrência, existe nos mais variados hábitats: sombra, sol, áreas parcialmente alagadas, cerrado e campos rupestres. Isto resulta em enorme variabilidade vegetativa e floral. Inúmeras populações diferentes existem com dezenas de descrições correspondentes.

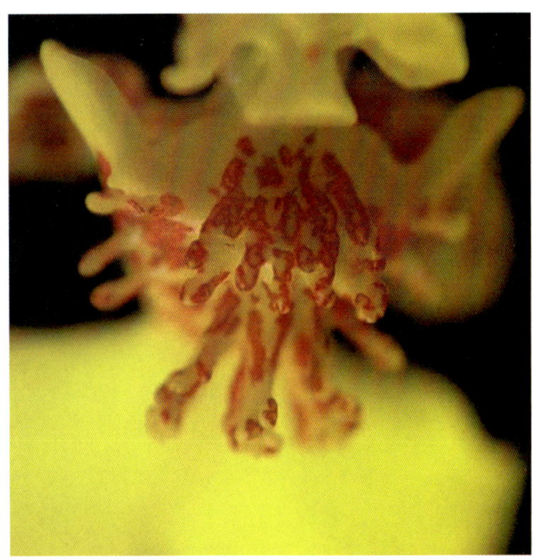

Coppensia ramosa

Coppensia ramosa

Coppensia ramosa-mantiqueiransis

Coppensia ranifera

Todas as variações apresentam a mesma estrutura no calo, se bem que algumas mais delicadas, outras mais robustas. Todas tem a mesma inclinação dos lobos laterais do labelo. A maior variabilidade dá-se no número de flores e suas cores, tamanho, e nas porporções do labelo. Preferimos agrupar todas estas descrições em uma única espécie extremamente variável pois é praticamente impossível marcar uma linha divisória entre cada uma dessas variações. Aqui reproduzimos algumas fotos das variações mais extremas, mas dezenas de intermediárias existem.

O *Oncidium caldense* é uma variação algumas vezes com flores quase inteiramente amarelas e lobo mediano do labelo bem pequeno. A *Coppensia mantiqueirensis* tem o lobo mediano do labelo muito variável, algumas vezes muito pequeno, outras maior, quase inteiramente marrom ou miudamente pintado de marrom avermelhado, mesmo no verso, com inflorescência mais paniculada, e flores mais espaçadas; sépalas e pétalas vistosas, marrons, e calo mais robusto.

A *Coppensia paranapiacabensis* tem pintas pequenas avermelhadas, rizoma mais longo e ascendente, e labelo muito grande com calo delicado. O *Oncidium pontagrossense* é encontrado em MG, ES, RJ, SP, PR, SC, RS, na Serra do Mar, com menos flores, e de labelo branco.

Coppensia ranifera

Coppensia ranifera (Lindl.) F.Barros & V.T.Rodrigues (2010); ***Oncidium raniferum** Lindl. (1837); ***O. raniferum* var. *majus*** Hook. (1839); ***O. hookeri*** Rolfe (1887); ***O. loefgrenii*** Cogn. (1896); ***O. mellifluum*** Kraenzl. (1922); ***O. hookeri* var. *albescens*** Pabst (1976); ***O. hookeri* f. *albescens*** (Pabst) F.Barros & J.A.N.Bat. (2004); ***Carenidium hookeri*** (Rolfe) Baptista (2006); ***C. loefgrenii*** (Cogn.) Baptista (2006); ***C. raniferum*** (Lindl.) Baptista (2006); ***Menezesiella hookeri*** (Rolfe) V.P.Castro & Chiron (2006); ***M. loefgrenii*** (Cogn.) V.P.Castro & Chiron (2006); ***M. ranifera*** (Lindl.) Chiron & V.P.Castro, ***M. salesopolitana*** V.P.Castro & Chiron (2006); ***Castroa calimaniana*** Guiard (2006); ***Rhinocidium raniferum*** (Lindl.) Baptista (2007); ***Menezesiella paranaensis*** Chiron & V.P.Castro

(2008); ***M. calimaniorum*** V.P.Castro & G.F.Carr (2008), ***M. regentii*** V.P.Castro (2008); ***Oncidium calimanianum*** (Guiard) Königer (2008); ***Gomesa calimaniana*** (Guiard) M.W.Chase & N.H.Williams (2009); ***Gomesa hookeri*** (Rolfe) M.W.Chase & N.H.Williams (2009); ***G. loefgrenii*** (Cogn.) M.W.Chase & N.H.Williams (2009); ***G. neoparanaensis*** M.W. Chase & N.H. Williams (2009), *nom. illeg.* based on *Menezesiella neoparanaensis* Chiron & V.P.Castro, a non-existent name, an error for *M. paranaensis* Chiron & V.P.Castro, non *Gomesa paranaensis* Kraenzl.; ***Gomesa ranifera*** (Lindl.) M.W.Chase & N.H.Williams (2009); ***G. salesopolitana*** (V.P.Castro & Chiron) M.W.Chase & N.H.Williams (2009); ***G. paranana*** M.W. Chase & N.H. Williams (2009) non *Gomesa paranaensis* Kraenzl.; ***Coppensia calimaniana*** (Guiard) F. Barros & V.T. Rodrigues (2010); ***C. calimaniorum*** (V.P. Castro & G.F. Carr) F. Barros & V.T. Rodrigues (2010); ***C. loefgrenii*** (Cogn.) F. Barros & V.T. Rodrigues (2010); ***C. paranana*** (M.W. Chase & N.H. Williams) F. Barros & V.T. Rodrigues (2010); ***C. regentii*** (V.P. Castro) F. Barros & V.T. Rodrigues (2010).

Coppensia ranifera

Pseudobulbs 8-10 cm long x 2.5-3 cm wide
Leaves 20-26 cm long x 1 cm wide
Inflorescence 20-50 cm long
Flowers 1.2 cm wide
Sepals 0.3 cm long x 0.1cm wide, lateral sepals 0.4 cm long Petals 0.4 cm long x 0.1 cm wide
Lip 0.8 cm long x 0.4 cm wide
Column 0.1-0.2 cm long

Coppensia ranifera

From ES, MG, RJ, SP, PR, SC, RS, at 300-1500 meters in elevation, growing epiphytically. Pseudobulbs climbing along short rhizome. Leaves 2-3. Inflorescence semi-erect multi branching panicle with up to 100 flowers. Flower yellow-white to yellow with brown-red at base of sepals and petals, callus red-brown. Sepals and petals elliptic, lateral sepals fused 1/8 their length. Lip 3 lobed, lateral lobes small truncate, medial lobe notched. Callus basally one or obscurely two flat plates with a lobule in the center, apical callus two flat plates with notch midline. Column with no wings and also almost no stalk below stigma.

***

Encontrada no ES, MG, RJ, SP, PR, SC e RS, entre 300 e 1500 metros de altitude, epífita.

Coppensia ranifera

Coppensia ranifera

Coppensia spiloptera

Coppensia spiloptera

Apresenta pseudobulbos curtos, ligeiramente ascendentes, com até três folhas. A inflorescência é ereta ou arqueada, paniculada, com mais de cem flores amarelas ou brancas, marcadas de marrom avermelhado no calo e na base das pétalas e sépalas. As sépalas são elípticas; as laterais fundidas na base. Os lobos laterais são pequenos, de truncados a obscuramente triangulares, com ápice obtuso; e o intermediário, ocasionalmente fendido no ápice. O calo é variável, formado por espessa massa obscuramente dividida em duas plataformas variáveis, com uma ampla verruga lustrosa basal sobre a primeira plataforma, e a segunda dividida em duas. A coluna não tem asas e a pequena tábula infra-estigmática quase não é notada. A sutil variabilidade do formato dos lobos do labelo e do calo deu origem às diversas descrições. Seguramente todas são sinônimos.

Coppensia spiloptera

Coppensia spiloptera (Lindl.) Campacci (2006); ****Oncidium spilopterum*** Lindl. (1844); ***Oncidium batemanianum* var. *spilopterum*** (Lindl.) Lindl. (1855); ***Oncidium saintlegerianum*** Rolfe (1892); ***Oncidium ghillanyi*** Pabst (1972); ***Ampliglossum spilopterum*** (Lindl.) Campacci (2006); ***Gomesa spiloptera*** (Lindl.) M.W.Chase & N.H.Williams (2009).

Pseudobulbs 2.5 cm long x 2 cm wide
Leaves 5 cm long x 1 cm wide
Inflorescence 70 cm long
Flowers 2 cm wide
Sepals 0.9 cm long x 0.6 cm wide
Lateral sepals 1.2 cm long x 0.6 cm wide
Petals 0.9 cm long x 0.6 cm wide
Lip 2.7 cm long x 2.3 cm wide
Column 0.5 cm long

From MG, MS at 300-1200 meters in elevation, growing rupiculously or terrestrially. Pseudobulbs clumping, ovate, with 2-3 leaves. Inflorescence erect panicle with up to 10 flowers. Flower yellow, sepals and petals brown or brown-red almost entirely, lip callus hot pink-purple. Sepals and petals ovate, narrowed at base, lateral sepals elliptic, fused at base

¼ length, diverging. Lip 3 lobed, lateral lobes small, oval at apexes, midlobe 2-4 lobed. Callus basally a plate with multiple fused protuberances, apically many warty protuberances, medial protuberance longest. Column with wide rhomboid wings and a flat plate with two raised prominences below stigma on the forward facing surface basally.

***

Encontrada em MG e MS, entre 300 e 1200 metros de altitude, rupícola ou terrestre. Seus pseudobulbos são aglomerados, ovais, com até três folhas. A inflorescência é ereta, paniculada, com até dez vistosas flores amarelas, de pétalas e sépalas quase inteiramente marrons, e notável calo rosa forte no labelo. As pétalas e sépala dorsal são ovais, mais estreitas na base. As sépalas laterais são fundidas até um quarto do comprimento, divergentes. Os lobos laterais são pequenos, com ápice oval; e o intermediário, bi ou tetralobado. O calo é formado por espessa massa de verrugas, variavelmente fundidas, com uma central mais longa. A coluna tem largas asas romboidais e tábula infra-estigmática proeminente.

Coppensia spiloptera

Coppensia spiloptera

Coppensia varicosa

Coppensia varicosa (Lindl.) Campacci (2006); ****Oncidium varicosum*** Lindl. (1837); ***Oncidium martianum*** Lindl. (1837); ***Oncidium rogersii*** Bateman (1868); ***Oncidium euxanthinum*** Rchb.f. (1869); ***Oncidium varicosum* var. *rogersii*** (Bateman) Rchb.f. 277 (1870); ***Oncidium geraense*** (1881); ***Oncidium varicosum* var. *charlesworthii*** auct. (1892); ***Oncidium varicosum* var. *southorangense*** Grey (1895); ***Oncidium varicosum* var. *concolor*** Cogn. (1897); ***Oncidium varicosum* var. *insigne*** Rolfe, Orchid Rev. 6: 27 (1898); ***Oncidium varicosum* var. *lindenii*** auct. (1899); ***Oncidium varicosum* var. *moortebeekiense*** L. Linden (1906); ***Oncidium varicosum* var. *vexillarium*** Kraenzl. (1922); ***Oncidium stenostalix*** Rchb.f. ex Kraenzl. (1922); ***Ampliglossum varicosum*** (Lindl.) Campacci (2006); ***Oncidium insigne*** (Rolfe) Christenson (2002); ***Ampliglossum varicosum*** (Lindl.) Campacci (2006); ***Ampliglossum insigne*** (Rolfe) Campacci (2006); ***Coppensia varicosa* var. *insignis*** (Rolfe) Campacci (2006); ***Ampliglossum***

Coppensia varicosa

Coppensia varicosa

Coppensia varicosa

Coppensia varicosa

martianum (Lindl.) Campacci (2006); ***Coppensia martiana*** (Lindl.) Campacci (2006); ***Oncidium vexillarium*** (Rchb.f. ex Kraenzl.) Königer (2008); ***Gomesa insignis*** (Rolfe) M.W.Chase & N.H.Williams (2009); ***Gomesa martiana*** (Lindl.) M.W.Chase & N.H.Williams (2009); ***Gomesa varicosa*** (Lindl.) M.W.Chase & N.H.Williams (2009); ***Oncidium varicosum* var. *baldin*** hort; ***Oncidium baldin*** hort.

Pseudobulbs 4-8 cm long x 2-2.5 cm wide
Leaves 15-30 cm long x 2-3 cm wide
Inflorescence 60-150 cm long
Flowers 3 cm wide
Sepals 1 cm long x 0.5 cm wide
Petals 1 cm long x 0.5 cm wide
Lip 4.2 cm long x 3 cm wide
Column 0.6 cm long

From Argentina, Paraguay, and Brasil in GO, BA, MG, SP, PR, at 500-1800 meters in elevation, growing epiphytically. Climbing plant with short rhizome. Pseudobulbs elongate, flattened with 2 leaves. Inflorescence erect or pendent panicle with 25-50 flowers. Flower yellow, sepals and petals with red transverse narrow bars and callus with red-brown markings. Sepals elliptic, lateral sepals fused ¼ length, and petals ovate elliptic, narrowed at base. Lip 3 lobed, lateral lobes large, elliptic, isthmus to midlobe minimal in length, midlobe with multiple notches. Callus extend over entire conspicuous triangular isthmus; basal callus an elevated plate with irregular margins, apical callus a horn that extends forward more than basal callus with three apical protuberances. Column with rectangular wings with irregular margins and two anterior basal lamellae.

Despite the largely different coloration of *Oncidium insigne*, evidence leads us to believe it is an aberrant recessive form of *Coppensia varicosa*. It is common to find them growing side by side on the same tree. We could not find any instance of reports *Oncidium insigne* growing without *C. varicosa* present.

***

Encontrada na Argentina, Paraguai e em GO, BA,

MG, SP e PR, entre 500 e 1800 metros de altitude, epífita. Seus pseudobulbos são espaçados por curto rizoma ascendente, fusiformes, com até duas folhas. A inflorescência é de ereta a pendente, paniculada, com até cinquenta vistosas flores amarelas, de pétalas e sépalas pintadas de marrom. As pétalas são elípticas, as laterais, fundidas até um quarto do comprimento. As pétalas são mais ovaladas, estreitas na base. Os lobos laterais, grandes, elípticos; e o intermediário, bi ou tetralobado. O calo basal é formado por uma placa elevada de margens irregulares, e o apical por longo corno com três protuberâncias apicais. A coluna tem largas asas retangulares, de margens irregulares, e tábula infra-estigmática com duas lamelas.

Coppensia varicosa

Apesar da notável diferença em cor, e no corno mais simples no labelo, do *Oncidium insigne*, as evidências levam-nos a crer que se trata apenas de uma forma recessiva aberrante da *Coppensia varicosa*. É comum encontrá-las na mesma árvore. Não existem relatos da presença da primeira sem a presença da segunda.

Coppensia varicosa

Coppensia vasconcelosiana

Coppensia vasconcelosiana Campacci (2008).

Pseudobulbs 4.5 cm long x 2 cm wide
Leaves 7.5 cm long x 3 cm wide
Inflorescence 30 cm long
Flowers 1.8 cm wide
Sepals 0.5 cm long x 0.3 cm wide
Lateral sepals 0.7 cm long x 0.3 cm wide
Petals 0.7 cm long x 0.4 cm wide
Lip 1.4 cm long x 1.7 cm wide
Column 0.5 cm long

From MG, at 600 meters in elevation, growing lithophytically. Pseudobulbs clumping, ovoid, with 2 leaves. Inflorescence an erect panicle with up to 10 flowers. Flower yellow, sepals and petals with brown or brown-red spots basally, lip callus yellow with orange spots. Sepals and petals ovate, narrowed at base, lateral sepals elliptic fused at base 1/2 length.

Coppensia vasconcelosiana

Coppensia vasconcelosiana

Coppensia vasconcelosiana

Coppensia viperina

Lip 3 lobed, lateral lobes truncate, midlobe 2 lobed. Callus basally multiple warty protuberances, apically many warty protuberances that form two diverging longitudinal plates. Column with wide triangular wings and a flat plate on the forward facing surface basally that widens about midlength. Old inflorescence sprouts new plantlets at various points.

***

Encontrada em Minas Gerais a cerca de 600 metros de altitude, rupícola. Seus pseudobulbos são aglomerados, ovais, bastante comprimidos lateralmente, com até duas folhas. A inflorescência é ereta, paniculada, com até dez flores amarelas, de pétalas e sépalas de base marrom. As pétalas e sépala dorsal são ovais, mais estreitas na base. As sépalas laterais são fundidas até metade do comprimento. Os lobos laterais são truncados, e o intermediário, bilobado. O calo é formado por múltiplas verrugas longas, digitiformes, a maioria voltada para um dos lados, de modo a quase formarem duas massas divergentes. A coluna tem largas asas triangulares com o ápice truncado e tábula infra-estigmática proeminente, larga na porção intermediária. Uma característica interessante desta espécie é que forma grande quantidade de brotos nas inflorescências.

Coppensia viperina

Coppensia viperina (Lindl.) Campacci (2006); ****Oncidium viperinum*** Lindl. (1833); ***Oncidium confragosum*** Lindl. (1838); ***Oncidium disciferum*** Lindl. (1855); ***Oncidium fuchsii*** Königer (2005); ***Concocidium disciferum*** (Lindl.) Romowicz & Szlach. (2006); ***Rhinocidium fuchsii*** (Königer) Docha Neto (2006); ***Rhinocidium disciferum*** (Lindl.) Docha Neto (2007); ***Ampliglossum viperinum*** (Lindl.) Campacci (2006); ***Gomesa discifera*** (Lindl.) M.W.Chase & N.H.Williams (2009); ***Gomesa viperina*** (Lindl.) M.W.Chase & N.H.Williams (2009); ***Coppensia discifera*** (Lindl.) F. Barros & V.T. Rodrigues (2010).

Pseudobulbs 2.5-4 cm long x 0.8-1.4 cm wide
Leaves 6-13 cm long x 0.7-1.4 cm wide
Inflorescence 15-20 cm long
Flowers 1.5 cm wide
Sepals 0.7 cm long x 0.3 cm wide
Petals 0.8 cm long x 0.4 cm wide
Lip 1.0 cm long x 0.9 cm wide
Column 0.4 cm long

Coppensia viperina

From Bolivia, Argentina, Paraguay and Brazil in MS, PR, RS at 300-2000 meters in elevation, growing epiphytically in dry forests. Climbing plant with short rhizome. Pseudobulbs elongate, flattened, furrowed, with dark green coloration amid furrows, with 2 leaves. Inflorescence an erect or pendent panicle with 25-50 flowers. Flower yellow, sepals and petals mottled red-brown and callus darker yellow and orange. Sepals elliptic, lateral sepals fused ¼ length, and petals elliptic. Lip 3 lobed, lateral lobes obscure, isthmus to midlobe prominent, midlobe notched. Basal callus an elevated bilobed plate, apical callus a horn that extends forward more than basal callus. Column with no wings and midline basal lamellae below stigma.

Coppensia viperina

***

Encontrada na Bolívia, Argentina, Paraguai e no MS, PR e RS, entre 300 e 2000 metros de altitude, epífita em matas secas. Seus pseudobulbos são fusiformes, alongados e ondulados, lateralmente comprimidos, pintalgados por verde-escuro ou preto, separados por curto rizoma ascendente, com até duas folhas. A inflorescência é ereta ou arqueada, paniculada, com até cinquenta flores amarelas, de pétalas e sépalas de base marrom. As pétalas e sépalas são elípticas, mais estreitas na base. As sépalas laterais são fundidas até um quarto do comprimento. Os lobos laterais são obscuros, e o intermediário, bilobado. O calo é formado por uma placa elevada, com uma fenda terminal por onde atravessa um corno apical. A coluna não tem asas e a tábula infra-estigmática é formada por uma proeminente lamela rosada.

Coppensia viperina

Coppensia warmingii

Coppensia warmingii

Coppensia warmingii (Rchb.f.) Campacci (2006); ****Oncidium warmingii*** Rchb.f. (1881); ***Oncidium gomesii*** Cogn. (1906); ***Oncidium vagans*** C. Schweinf. (1958); ***Ampliglossum warmingii*** (Rchb.f.) Campacci (2006); ***Gomesa warmingii*** (Rchb.f.) M.W.Chase & N.H.Williams (2009).

Pseudobulbs 3-4 cm long, 1-1.5 cm wide
Leaves 10-14 cm long x 1.2-1.4 cm wide
Inflorescence 60-80 cm long
Flowers 1.5 cm wide
Sepals 0. 8 cm long x 0.4 cm wide
Petals 0.8 cm long x 0.4 cm wide
Lip 1.2 cm long x 1.1 cm wide
Column 0.6 cm long

Coppensia warmingii

From MG, RJ, SP, at 600-1000 meters in elevation, growing terrestrially or lithophytically. Climbing plant with long rhizome. Pseudobulbs elongate, flattened with 2 leaves. Inflorescence an erect panicle with 10-40 flowers. Flower white, sepals and petals and callus with red-brown markings. Sepals elliptic, lateral sepals fused minimally, and petals ovate, elliptic, narrowed at base. Lip 3 lobed, lateral lobes triangular. Callus not extend over entire isthmus to midlobe. Callus basally a plate with a central keel and lateral warty projections, apically with 3-5 digitiform projections.

***

Coppensia warmingii

Encontrada em MG, RJ e SP, entre 600 e 1000 metros de altitude, terrestre ou rupícola. Apresenta pseudobulbos fusiformes, alongados, separados por longo rizoma ascendente, com até duas folhas. A inflorescência é ereta, paniculada, com até quarenta flores brancas, de pétalas e sépalas pintalgadas de marrom. As pétalas e sépalas são elípticas, mais estreitas na base. As sépalas laterais são fundidas só na base. Os lobos laterais são pequenos, e o intermediário, bilobado. O calo é formado por duas séries de verrugas digitiformes, variavelmente fundidas, com uma central mais proeminente. A coluna tem amplas asas de margem irregular.

Coppensia welteri

Coppensia welteri (Pabst), Campacci (2006); ****Oncidium welteri*** Pabst (1956); ***Ampliglossum welteri*** (Pabst) Campacci (2006); ***Gomesa welteri*** (Pabst) M.W.Chase & N.H.Williams (2009).

Pseudobulbs 5 cm long x 2.5 cm wide
Leaves 20 cm long x 1 cm wide
Inflorescence 50 cm long
Flowers 1.5 cm wide
Sepals 0.8 cm long x 0.15cm wide, lateral sepals 0.8 cm long Petals 0.8 cm long x 0.2 cm wide
Lip 1 cm long x 1.1 cm wide
Column 1 cm long

From MG, ES, RJ, SP, at 700-1500 meters in elevation, growing epiphytically. Pseudobulbs climbing along short rhizome. Leaves up to three. Inflorescence an erect multi branching panicle with up to 100 flowers. Flower yellow, sepals and petals green-yellow, callus orange to red-brown. Sepals and petals elliptic, lateral sepals fused 1/8 length. Lip 3 lobed, lateral lobes oval, medial lobe notched. Callus basally a transverse plate, apical callus two irregular masses with notch midline, callus extend onto lateral lobes with warty protuberances in the mid portion of the lateral lobes. Column curved with long wings.

***

Encontrada em MG, ES, RJ, SP, entre 700 e 1500 metros de altitude, epífita. Apresenta pseudobulbos separados por curto rizoma ascendente, com até três folhas. A inflorescência é ereta, paniculada, com até cem flores amarelas, de sépalas e pétalas esverdeadas, e calo alaranjado. As pétalas e sépalas são elípticas, mais estreitas na base. As sépalas laterais são fundidas só na base. Os lobos laterais são ovais, voltados para a frente, e o intermediário, bilobado. O calo é formado por um calo basal espesso e lustroso, seguido por polpuda massa verrucosa esférica. A coluna tem longas asas de ápice ovalado.

Coppensia welteri

Coppensia welteri

Coppensia welteri

Coppensia welteri

Other species:

Oncidium cristatellum Garay (1970).

Originally described as *Oncidium cristatum* Rolfe (1892), *nom. illeg.*, this plant closely fits into *C. varicosa*, based on the type drawing and its description and measurements, but there are parts of the description that make it not so sure a fit, so we leave it as undetermined species.

***

Originalmente descrito como *Oncidium cristatum* Rolfe (1892), *nom. illeg.* Baseando-nos na ilustração original, descrição e medidas, esta planta lembra-nos a *C. varicosa*, ou remotamente, a *Campaccia venusta*. Como a descrição é vaga demais, por hora, preferimos deixá-la como indeterminada.

Gomesa

Gomesa crispa

Gomesa

Gomesa R.Br. (1815). Type: *Gomesa recurva* R.Br. (1815). ***Theodorea*** Barb.Rodr. (1877); ***Rodrigueziella*** Kuntze (1891); ***Binotia*** Rolfe (1905); ***Hellerorchis*** A.D.Hawkes (1959), *nom. illeg.*

Gomesa are medium-sized epiphytes that have a short rhizome resulting in clumping plants, except for one species which climbs. The plants have many dried roots or frass and dried sheathes at the base of the pseudobulbs. The pseudobulbs are pear shaped to elliptic, having basal leaves that generally dry, leaving dry sheathes. These basal sheaths often produce rudimentary leaves, which fall off as the sheath matures. There are, in addition, one to two leaves at the apex of the pseudobulb. The flowers are white and green in general, some having a green-yellow hue. The lip has two large parallel longitudinal callosities which are often vibrantly colored. The column is parallel to the lip basally, and the stigma is round and open. The column has no wings.

Gomesa, in the sense that we are now defining the genus, now includes the genera *Binotia* and *Rodrigueziella*. The species that were segregated into the genus *Binotia* have very few, if any, significant differences from the traditional definition of *Gomesa* and probably should not have been separated. The major difference separating the two groups is the angle of the column in relation to the lip. The *Rodrigueziella,* however, are different, both in plant and flower morphology, being much smaller plants with shorter inflorescences and fewer flowers, and some species are more colorful than the traditional *Gomesa*. The *Rodrigueziella* have two keels that are more complex than the *Gomesa stricto sensu* as their keels are covered with hairs, and are more plate-like basally embracing the column base, unlike the longitudinal calluses that exist in *Gomesa*.

Key to the species:

1. Column erect, straight, stigma visible from front, go to **2**
    2. Rhizome long; pseudobulbs always widely separated from each other – ***G. glaziovii***
    2. Plant clumping, go to **3**
        3. Callus two distinct lamella, glabrous, go to **4**
            4. Lateral sepals fused only at base – ***G. crispa***
            4. Lateral sepals fused for over ½ length – ***G. recurva***
        3. Callus two lamella, pubescent, go to **5** (*Rodrigueziella*)
            5. Column bends nearly 90 degrees midway – ***G. petropolitana***
            5. Column straight or only gently bends or upturns, go to **6**
                6. Sepals and petals acuminate, column glabrous - ***G. gomezoides***
                6. Sepals and petals obtuse with apicule apical, column pubescent, go to **7**
                    7. Lateral sepals connate at base. Lip with fleshy with distinct teeth, flower green white, non spotted - ***G. doeringii***
                    7. Lateral sepals free, go to **8**
                        8. Lip trilobed, midlobe elliptic, acuminate, deflexed, more long- ***G. handroi***
                        8. Lip obscurely three lobed, lateral lobes elongate, deflexed, midlobe oval, shorter - ***G. jucunda***
1. Column projects frontward, stigma visible from front because the end of column upturns, go to **9** (*Binotia*)
    9. Petals held at 180 degrees (straight out), flower green with white lip and orange callus - ***G. alpina***
    9. Petals held erect upright, flower without orange on lip, go to **10** (*Binotia*)
        10. Flowers white or off white, larger – ***G. brasiliensis***
        10. Flower ochre colored, white lip with purple apex, smaller flower - ***G. messmeriana***

***

As *Gomesa* são originárias do sudeste e sul brasileiros, Paraguai e nordeste argentino, onde crescem epífitas à sombra das matas úmidas da Serra do Mar e do interior. São plantas de crescimento cespitoso ou escandente, de porte médio a pequeno, com robustos pseudobulbos bifoliados, oblongos, lateralmente achatados, guarnecidos por bainhas foliares secas na base. As folhas são oblongo-lanceoladas. O rizoma normalmente é curto, mais longo e ascendente em algumas espécies. A inflorescência é racemosa, ereta, arqueada ou pendente, com pequenas flores verdes, creme, amareladas ou com marcas marrom. As flores possuem sépalas de margens lisas ou crespas; as laterais são parcialmente concrescidas em algumas espécies e totalmente livres em outras, um pouco mais compridas que a dorsal; pétalas lanceoladas; labelo mais ou menos unido à coluna, com cerca do mesmo comprimento dos outros segmentos florais, quase sempre de perfil sinuoso com a extremidade reflexa, fortemente arcado no meio, com dois calos longitudinais no disco, normalmente coloridos. A coluna não tem asas e apresenta estígma de abertura circular. Algumas espécies são muito perfumadas.

Gomesa hoje inclui os gêneros *Binotia* e *Rodrigueziella.* As *Binotia* praticamente não apresentam diferenças, exceto pelo ângulo entre a coluna e o labelo, das *Gomesa,* gênero do qual nunca deveriam ter estado separadas. Já as *Rodrigueziella* são plantas menores com inflorescências mais curtas e menos flores, estas ocasionalmente mais coloridas. A característica mais marcante é o fato de terem calos mais complexos que as *Gomesa stritu sensu.*

Chave de identificação das espécies:

1. Coluna ereta e reta, ver **2**
    2. Rizoma longo - ***G. glaziovii***
    2. Rizoma curto, ver **3**
        3. Calo glabro, ver **4**
            4. Sépalas laterais livres - ***G. crispa***
            4. Sépalas laterais parcialmente fundidas - ***G. recurva***
        3. Calo pubescente, ver **5** (*Rodrigueziella*)
            5. Coluna muito curva - ***G. petropolitana***
            5. Coluna reta ou pouco curva, ver **6**
                6. Coluna glabra - ***G. gomezoides***
                6. Coluna pubescente, ver **7**
                    7. Sépalas laterais parcialmente fundidas - ***G. doeringii***
                    7. Sépalas laterais livres, ver **8**
                        8. Labelo claramente trilobado, extremidade longamente acuminada - ***G. handroi***
                        8. Labelo obscuramente trilobado, curto, extremidade oval - ***G. jucunda***
1. Coluna voltada para a frente, curva para trás, ver **9** (*Binotia*)
    9. Pétalas a 180º entre si, e sépala dorsal oposta às sépalas laterais, as cinco formando uma cruz - ***G. alpina***
    9. Flores estreladas, ver **10** (*Binotia*)
        10. Flores maiores, sem mancha púrpura - ***G. brasiliensis***
        10. Flores menores, com mancha púrpura - ***G. messmeriana***

Gomesa alpina

Gomesa alpina Porsch (1908).

Pseudobulbs 3 cm long x 1.5-2 cm wide
Leaves 8-10 cm long x 1-1.5 cm wide
Inflorescence 10-13 cm or more long
Flowers 1.5 cm wide
Sepals 0.7-0.8 cm long x 0.2 cm wide
Petals 0.7-0.8 cm long x 0.2 cm wide
Lip 0.6 cm long x 0.4-0.5 cm wide
Column 0.2-0.3 cm long

From SP, RJ, at 800-1500 meters in elevation, growing epiphytically or rupiculously. Pseudobulbs ovate to oblong, slightly flattened with 2 leaves. Inflorescence semi-erect with 10-15 flowers. Flower yellow or yellow-green with white lip, orange callus. Sepals and petals elliptic, lateral sepals fused to half length. Lip obscurely three lobed, reflexed at midlength. Callus two wide longitudinal plates originating from the lip base then spreading laterally and embracing the column, and then meeting again at the lip reflection. Column upturned at its apex.

***

Encontrada em SP e RJ, entre 800 e 1500 metros de altitude, epífita ou rupícola. Apresenta pseudobulbos ovais a oblongos, levemente achatados lateralmente, com duas folhas. A inflorescência é quase ereta com até quinze flores espaçadas, esverdeadas, de labelo branco e calo alaranjado. As sépalas e pétalas são elípticas; as sépalas laterais, fundidas até a metade. O labelo é obscuramente trilobado, totalmente reflexo na metade do comprimento. O calo é formado por duas lamelas longitudinais que abraçam a coluna. Esta é obscuramente voltada para trás, quase reta.

Gomesa alpina

Gomesa alpina

Gomesa alpina

Gomesa brasiliensis

Gomesa brasiliensis

Gomesa brasiliensis (Rolfe) M.W.Chase & N.H.Williams (2009); ****Cochlioda brasiliensis*** Rolfe (1904); ***Gomesa binotii*** auct. (1904); ***Binotia brasiliensis*** (Rolfe) Rolfe (1905); ***Gomesa margaritae*** Pabst (1967); ***Gomesa verboonenii*** Pabst (1972); ***Rodrigueziella verboonenii*** (Pabst) Pabst (1975).

Pseudobulbs 3.5 cm long x 1.4 cm wide
Leaves 10-13 cm long x 1-1.2 cm wide
Inflorescence 30 cm long
Flowers 2 cm wide
Sepals 1.2-1.4 cm long x 0.4 cm wide
Petals 1.2 cm long x 0.5 cm wide
Lip 1 cm long x 0.5 cm wide
Column 0.5 cm long

From RJ, SP at 900 meters in elevation, growing epiphytically. Pseudobulbs elliptic, compressed, with 2 leaves. Inflorescence semi-erect with 20-25 flowers. Flower light yellow-brown with white lip, column white. Sepals and petals lanceolate, lateral sepals not fused. Lip obscurely three lobed, reflexed at midlength. Callus two wide plates originate from base to the lip reflection. Column slightly upturned at apex.

***

Encontrada no RJ e SP, a cerca de 900 metros de altitude, epífita. Apresenta pseudobulbos elípticos, levemente achatados lateralmente, com duas folhas. A inflorescência é quase ereta com até vinte cinco flores espaçadas, esverdeadas, de labelo branco. As sépalas e pétalas são lanceoladas; as sépalas laterais, livres; o labelo, obscuramente trilobado, acuminado, pouco reflexo na metade do comprimento. O calo é formado por duas lamelas longitudinais que abraçam a coluna. A coluna é obscuramente voltada para trás, quase reta.

Gomesa crispa

Gomesa crispa (Lindl.) Klotzsch ex Rchb.f. (1852); ****Rodriguezia crispa*** Lindl. (1839); ***Gomesa undulata*** Hoffmanns. (1842); ***Odontoglossum crispatulum*** Rchb.f. (1864); ***Gomesa paranaensis*** Kraenzl. (1911).

Gomesa crispa

Pseudobulbs 3 cm long x 1.5-2 cm wide
Leaves 8-10 cm long x 1-1.5 cm wide
Inflorescence 10-13 cm or more long
Flowers 2.5 cm wide
Sepals 1.2 cm long x 0.2 cm wide
Petals 1.2 cm long x 0.2 cm wide
Lip 1 cm long x 0.3 cm wide
Column 0.2-0.3 cm long

Gomesa crispa

From GB, PR, RS, SC, MG SP. RJ, at 500-1500 meters in elevation, growing epiphytically or rupiculously. Pseudobulbs ovate to oblong, slightly flattened with 2 leaves. Inflorescence semi-erect with 40-50 flowers. Flower yellow or yellow-green with green lip, orange callus. Sepals and petals elliptic or lanceolate, lateral sepals fused only at base or free. Lip one lobed, reflexed at midlength. Callus two wide plates originate from base to reflection, the basal portions thin and slightly clasping the column. The basal portions thin and clasping the column. Column straight.

***

Gomesa crispa

Encontrada no PR, RS, SC, MG SP e RJ, entre 500 e 1500 metros de altitude, epífita ou rupícola. Apresenta pseudobulbos ovais a oblongos, levemente achatados lateralmente, com duas folhas. A inflorescência é arqueada com até cinquenta flores verdes. As sépalas e pétalas são elípticas ou lanceoladas, as sépalas laterais fundidas só na base ou livres, todas de margens onduladas. O labelo é simples, quase totalmente reflexo na metade do comprimento. O calo é formado por duas lamelas longitudinais que parcialmente abraçam a coluna. Esta é reta.

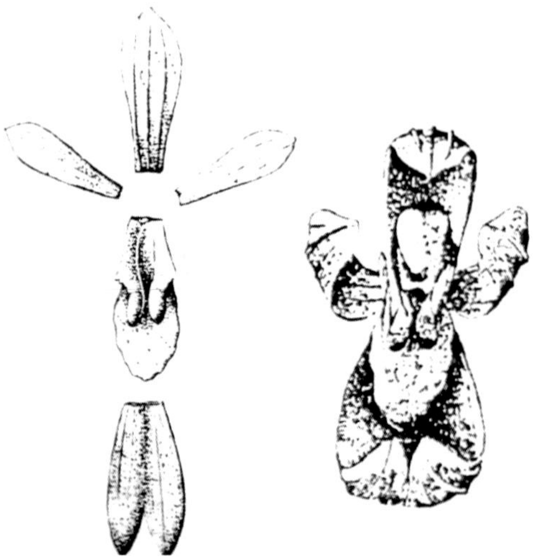
Gomesa doeringii

Gomesa doeringii

Gomesa doeringii (Hoehne) Pabst (1967); ****Theodorea doeringii*** Hoehne (1942); ***Hellerorchis doeringii*** (Hoehne) A.D.Hawkes (1959); ***Rodrigueziella doeringii*** (Hoehne) Pabst (1975); ***Gomesa doeringii*** (Hoehne) M.W.Chase & N.H.Williams (2009), *nom nud.*

Pseudobulbs 2-3 cm long, 1.5-2 cm wide
Leaves 10-15 cm long x 1.2-2 cm wide
Inflorescence 15 cm long
Flowers 1.5 cm wide
Sepals 0.9 cm long x 0.3 cm wide
Petals 0.9 cm long x 0.4 cm wide
Lip 0.8 cm long x 0.3 cm wide

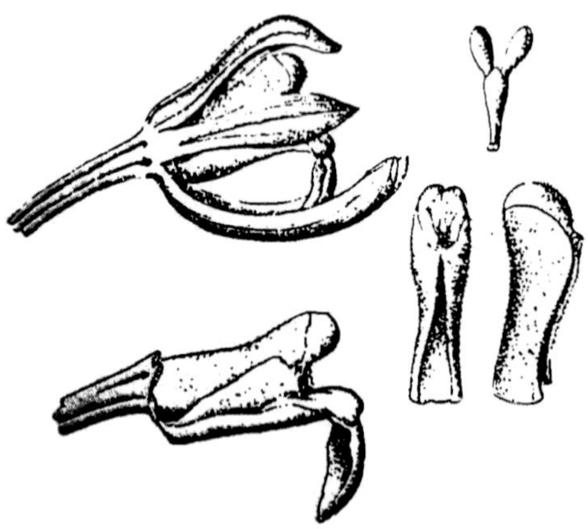
Gomesa doeringii

From RJ, SP, at 800-1500 meters in elevation, growing epiphytically. Pseudobulbs fusiform with 2 leaves. Inflorescence erect with 8-15 cupped flowers. Sepals and petals yellow-green brown. Lip dirty white with yellow callus. Sepals and petals obovate, dorsal sepals and petals concave about the column, lateral sepals fused at base to half length. Lip oval oblong with mucronate apex. Callus two membranous plates, separated at base, and two pubescent lamella at reflexion of lip. Column short with short hairs on dorsum. Very similar to *G. handroi.*

***

Gomesa doeringii

Encontrada no RJ e SP, entre 800 e 1500 metros de altitude, epífita. Apresenta pseudobulbos fusiformes, achatados lateralmente, com duas folhas. A inflorescência é ereta com até quinze flores verdes pouco abertas, com labelo bege. As sépalas e pétalas são obovadas e côncavas, as sépalas laterais fundidas até a metade. O labelo é oblongo com ápice mucronado. O calo é formado por duas lamelas longitudinais ao lado da coluna que se tornam pubescentes após a coluna. A coluna é curta, com pelos curtos no dorso. Trata-se de espécie nunca encontrada por nós, tão parecida com a *G. handroi* que pode ter passado despercebida. Possivelmente um sinônimo.

Gomesa glaziovii

Gomesa glaziovii Cogn. (1905); ***Gomesa scandens*** Rolfe (1904), *Nomen.*; ***Gomesa scandens*** Rolfe (1906); ***Gomesa duseniana*** Kraenzl. (1921).

Gomesa glaziovii

Pseudobulbs 3-4.5 cm long x 0.8-1.2 cm wide
Leaves 8-13 cm long x 1.5-2.3 cm wide
Inflorescence 15-25 cm long
Flowers 2 cm wide
Sepals 1-1.1 cm long x 0.2 cm wide
Petals 1 cm long x 0.2 cm wide
Lip 0.7 cm long x 0.3 cm wide
Column 0.6 cm long

From RJ at 1000 meters in elevation, growing epiphytically. Pseudobulbs climbing with 7-12 cm between pseudobulbs, fusiform with one or two leaves. Inflorescence semi-upright with 15-20 flowers. Flower yellow or green-yellow with white lip. Sepals and petals lanceolate, lateral sepals fused to mid length. Lip one lobe, lanceolate, reflexing at midlength. Callus two plates originating from base, then spreading laterally, and then meeting again at reflection. Column straight.

Gomeza glaziovii

***

Encontrada no Rio de Janeiro, a cerca de 1000 metros de altitude, epífita. Apresenta pseudobulbos fusiformes, levemente achatados lateralmente, separados em até doze centimetros por longo rizoma ascendente, com até duas folhas. A inflorescência é arqueada com até vinte flores espaçadas, esverdeadas, de labelo branco. As sépalas e pétalas são lanceoladas; as sépalas laterais, soldadas até a metade; o labelo, simples, acuminado, pouco reflexo na metade do comprimento. O calo é formado por duas lamelas longitudinais que abraçam ligeiramente a coluna. A coluna é reta.

Gomeza glaziovii

Gomesa gomezoides

Gomesa gomezoides

Gomesa gomezoides

Gomesa gomezoides

Gomesa gomezoides (Barb.Rodr.) Pabst (1967); ****Theodorea gomezoides*** Barb.Rodr. (1877); ***Gomesa theodorea*** Cogn. (1905), *nom. illeg.*; ***Hellerorchis gomezoides*** (Barb.Rodr.) A.D.Hawkes (1959); ***Hellerorchis paniculata*** (Brade) A.D.Hawkes (1959); ***Theodorea paniculata*** Brade (1949); ***Rodrigueziella gomezoides*** (Barb.Rodr.) Berman).

Pseudobulbs 2-4 cm long, 0.9-1.2 cm wide
Leaves 8-18 cm long x 0.6-1.5 cm wide
Inflorescence 6-9 cm or more long
Flowers 1.7 cm wide
Sepals 1 cm long x 0.2 cm wide
Petals 1 cm long x 0.2 cm wide
Lip 1.2 cm long x 0.5 cm wide
Column 0.5 cm long

From MG, RJ, SP, at 1000-1500 meters in elevation, growing epiphytically. Pseudobulbs clumped, fusiform, compressed, with 3 leaves. Inflorescence short, not extending past the foliage, with up to 10 flowers. Flowers green brown-yellow, yellow callus. Sepals and petals cupped, fleshy, acuminate, lateral sepals not fused. Lip oval oblong. Callus two membranous plates with cilia on the border, separated at base, meet at lip reflexion.

***

Encontrada em MG, RJ e SP, entre 1000 e 1500 metros de altitude, epífita. Apresenta pseudobulbos fusiformes, achatados lateralmente, com duas folhas. A inflorescência é curta, ereta, com até dez flores, pouco abertas, tombadas, marrom e verdes, de labelo branco. As sépalas e pétalas são lanceoladas; as sépalas laterais, livres. O labelo é oblongo, com ápice acuminado. O calo é formado por duas lamelas longitudinais ao lado da coluna, inicialmente membranáceas, depois pubescentes.

Gomesa handroi

Gomesa handroi (Hoehne) Pabst (1967); ****Theodorea handroi*** Hoehne (1942); ***Hellerorchis handroi*** (Hoehne) A.D.Hawkes (1959); ***Rodrigueziella handroi*** (Hoehne) Pabst (1975); ***Rodrigueziella handroi* f. *icterina*** Chiron & V.P.Castro (2007).

Pseudobulbs 2-3 cm long, 1.5-1.7 cm wide
Leaves 8-12 cm long x 1.2-2 cm wide
Inflorescence 18 cm or more long
Flowers 1.2 cm wide
Sepals 0.7 cm long x 0.3 cm wide
Petals 0.7 cm long x 0.3 cm wide
Lip 0.7 cm long x 0.4 cm wide

From SP at 1300-1550 meters in elevation, growing epiphytically. Pseudobulbs oval, flattened, with 1-2 leaves. Inflorescence pendent with up to 15 flowers. Flowers clear green, sepals and petals with dull brown-red lines and the lip pale yellow. Sepals and petals ovate and concave, petals apiculate at apex. Lip 3 lobed, lateral lobes oblong recurved, medial lobe elliptic, reflexed, reflexed portion almost as long as non-reflexed portion of lip. Callus two membranous ciliated plates or lamella at base that meet at reflexion of lip midlobe. Column short with cilia on dorsum. Plants in Brazil that have been known for years as *G. handroi*, in reality have been *G. jucunda*.

***

Encontrada em São Paulo, entre 1300 e 1550 metros de altitude, epífita. Apresenta pseudobulbos fusiformes, achatados lateralmente, com até duas folhas. A inflorescência é pendente com até quinze flores verde claro, pouco abertas, ocasionalmente com linhas marrons; e labelo bege ou branco. As sépalas e pétalas são obovadas e côncavas, acuminadas; as sépalas laterais, livres. O labelo tem lobos laterais oblongos, recurvados; e medial, elíptico, longamente acuminado, curvado sobre si mesmo. O calo é formado por duas lamelas membranáceas ao lado da coluna que se tornam pubescentes à partir dela. A coluna é curta com pelos curtos no dorso. No Brasil têm sido sempre confundidas com a *G. jucunda*.

Gomesa handroi

Gomesa handroi

Gomesa handroi

Gomesa jucunda

Gomesa jucunda

Gomesa jucunda

Gomesa jucunda

Gomesa jucunda (Rchb.f.) M.W.Chase & N.H.Williams (2009); ****Mesospinidium jucundum*** Rchb.f. (1876); ***Theodorea schlechteri*** Hoehne (1942); ***Theodorea guinlei*** Ruschi (1946); ***Hellerorchis guinlei*** (Ruschi) A.D.Hawkes (1959); ***Hellerorchis schlechteri*** (Hoehne) A.D.Hawkes (1959); ***Gomesa guinlei*** (Ruschi) Pabst (1967); ***Gomesa schlechteri*** (Hoehne) Pabst (1967); ***Rodrigueziella jucunda*** (Rchb.f.) Garay (1973).

Pseudobulbs 2-3 cm long, 1.5-1.7 cm wide
Leaves 10-20 cm long x 1.2-2.5 cm wide
Inflorescence 12-15 cm or more long
Flowers 1 cm wide
Sepals 0.6-0.7 cm long x 0.3-3.5 cm wide
Petals 0.6-0.7 cm long x 0.3-3.5 cm wide
Lip 0.8 cm long x 0.3 cm wide
Column 0.2 cm long

From SP, PR, at 1100 meters in elevation, growing epiphytically. Pseudobulbs egg-shaped to oblong, tapering apically, only slightly flattened, with 2 leaves. Inflorescence semi-erect with up to 12 flowers. Sepals and petals yellow-green with traces of brown-green. Lip centrally dirty white with some plants having yellow-orange in the lip and two calli sometimes red. Sepals and petals ovate and apiculate, concave. Lip three lobed, lateral lobes obscure and very oblong, reflexing down, medial lobe oval with slight apicule at apex. Callus two membranous callus discs at base, come together at reflexion, ciliate. These plants have been mislabeled for many years as *G. handroi*, but on seeing a real *G. handroi*, one can appreciate the differences.

***

Encontrada em SP e PR, a cerca de 1100 metros de altitude, epífita. Tem pseudobulbos fusiformes, pouco achatados lateralmente, com duas folhas. A inflorescência é curta, arqueada, com até doze flores marrom e verde, de labelo branco com centro alaranjado e calos vermelhos. As sépalas e pétalas são obovadas, apiculadas, côncavas. O labelo é oval, obscuramente trilobado, bem mais curto que o da *G. handroi*, e de extremidade arredondada. O calo é formado por duas lamelas longitudinais membranáceas ao lado da coluna que, à partir dela, tornam-se pubescentes. Coluna pubescente. Trata-se de espécie longamente confundida com a verdadeira *G. handroi*. Observando as duas, as diferenças ficam claras.

Gomesa handroi

Gomesa messmeriana

Gomesa messmeriana (Campacci) Laitano (2010); ****Binotia messmeriana*** Campacci (2005).

Pseudobulbs 4-5.5 cm long x 2 cm wide
Leaves 10-12 cm long x 2.5-3 cm wide
Inflorescence 15-20 cm long
Flowers 2.2 cm wide
Sepals 1.2 cm long x 0.5 cm wide
Petals 1.1 cm long x 0.5 cm wide
Lip 1.1 cm long x 0.5 cm wide
Column 0.6 cm long

Gomesa messmeriana

From RJ, at 1500 meters in elevation, growing epiphytically. Pseudobulbs elliptic, compressed, with 2 leaves. Inflorescence semi-erect with 10 flowers. Flower light yellow-brown with lip white with purple apex, column white. Sepals and petals elliptic, lateral sepals not fused. Lip obscurely three lobed, reflexed at midlength. Callus two wide plates originate from base to the lip reflection. Column slightly upturned at apex.

***

Gomesa messmeriana

Encontrada no Rio de Janeiro, a cerca de 1500 metros de altitude, epífita. Apresenta pseudobulbos elípticos, levemente achatados lateralmente, com duas folhas. A inflorescência é quase ereta com até dez flores espaçadas, esverdeadas, de labelo branco com mancha púrpura no centro. As sépalas e pétalas são elípticas, as sépalas laterais livres; o labelo, obscuramente trilobado, acuminado, pouco reflexo na metade do comprimento. O calo é formado por duas lamelas longitudinais que abraçam a coluna. Esta é obscuramente voltada para trás, quase reta.

Gomesa messmeriana

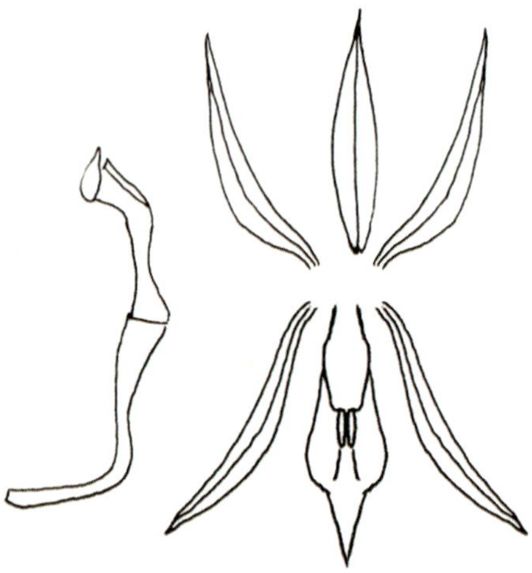

Gomesa petropolitana

Gomesa petropolitana

***Rodriguezieila petropolitana** Pabst, Bradea 22: 87 (1976); **Gomesa petropolitana** (Pabst) M. W. Chase and N. H. Williams (2009).

Pseudobulbs 3.3 cm long 1.7 cm wide
Leaves 11-14 cm long x 1.5-1.7 cm wide
Inflorescence 30 cm or more long
Flowers 2 cm wide
Sepals 1.2 cm long x 0.2 cm wide
Petals 1.2 cm long x 0.2 cm wide
Lip 1.5 cm long x 0.4 cm wide
Column 1 cm long

From RJ, at 900 meters in elevation, growing epiphytically. Pseudobulbs narrowly conical, partially compressed with 2 lanceolate leaves. Inflorescence laxly spaced with many very cupped flowers. Sepals and petals brown. Sepals and petals thin lanceolate. Lip three lobed, lateral lobes obscure and very oblong, medial lobe acute. Callus a plate with two basal calli. Column flexed dorsally 90 degrees at midlength. We have never seen this species. It is known only by the type drawing.

***

Encontrada no Rio de Janeiro, a cerca de 900 metros de altitude, epífita. Apresenta pseudobulbos e cônicos, estreitos, levemente achatados lateralmente, com duas folhas lanceoladas. A inflorescência comporta muitas flores espaçadas, pouco abertas, marrons. As sépalas e pétalas são estreitas, lanceoladas; o labelo é trilobado, longamente acuminado. O calo é formado por duas lamelas longitudinais. A coluna é dobrada em ângulo quase reto na metade do comprimento. Nunca vimos esta espécie. Conhecida somente pela ilustração original.

Gomesa recurva

Gomesa recurva R.Br. (1815); ***Gomesa recurva*** Lodd. (1822), *nom. illeg.*; ***Rodriguezia recurva*** (R.Br.) Lindl. (1827); ***Pleurothallis foliosa*** Hook. (1827); ***Rodriguezia planifolia*** Lindl. (1827); ***Epidendrum inflexum*** Vell. (1831); ***Rodriguezia suaveolens*** Lindl. (1833); ***Rodriguezia barkeri*** Hook. (1836); ***Maturna suaveolens*** (Lindl.) Raf. (1837); ***Rodriguezia laxiflora*** Lindl. (1839); ***Gomesa chrysostoma*** Hoffmanns. (1842); ***Gomesa densiflora*** Hoffmanns. (1842); ***Gomesa reclinata*** Hoffmanns. (1842); ***Gomesa laxiflora*** (Lindl.) Klotzsch ex Rchb.f. (1852); ***Gomesa planifolia*** (Lindl.) Klotzsch ex Rchb.f. (1852); ***Gomesa foliosa*** (Hook.) Klotzsch ex Rchb.f. (1852); ***Gomesa planifolia* var. *densa*** Regel (1856); ***Gomesa planifolia* var. *laxa*** Regel (1856); ***Gomesa fischeri*** Regel (1856); ***Rodriguezia macrostachya*** Regel (1856); ***Odontoglossum planifolium*** (Lindl.) Rchb.f. (1864); ***Odontoglossum recurvum*** (R.Br.) Rchb.f. (1864); ***Odontoglossum laxiflorum*** (Lindl.) Rchb.f. (1864); ***Odontoglossum barkeri*** (Hook.) Rchb.f. (1864); ***Odontoglossum foliosum*** (Hook.) Rchb.f. (1864); ***Gomesa sessilis*** Barb.Rodr. (1877); ***Gomesa planifolia* var. *crocea*** Regel (1881); ***Gomesa barkeri*** (Hook.) Rolfe (1901); ***Gomesa foliosa* var. *brevifolia*** Cogn. (1907); ***Gomesa divaricata*** Hoffmanns. ex Schltr. (1926).

Pseudobulbs 4-7.5 cm long x 2-3.5 cm wide
Leaves 15-30 cm long x 3 cm wide
Inflorescence 20-35 cm or more long
Flowers 2.5 cm wide
Sepals 0.7-1.2 cm long x 0.2-0.3 cm wide
Petals 0.7-1.2 cm long x 0.2 cm wide
Lip 0.6-1 cm long x 0.3-0.5 cm wide
Column 0.2-0.3 cm long

From Paraguay, Argentina, and Brazil in ES, PR, RS, SC, MG, SP, RJ at 50-1100 meters in elevation, growing epiphytically or rupiculously. Pseudobulbs ovate to oblong, slightly flattened with 2 leaves. Inflorescence semi-erect to pendent with 25-50 flowers. Flower yellow or yellow-green with green lip, white callus. Sepals and petals elliptic or lanceolate, lateral sepals fused ½- ¾ length. Lip one lobed or obscurely three lobed, reflexed at midlength. Callus two wide thin plates originate from base to reflection, widest at base embracing the column, apically end as two blunt ended lamella. Column straight.

Gomesa recurva

Gomesa recurva

Gomesa recurva

Gomesa recurva

Gomesa recurva

Gomesa recurva

As one can see there are many synonyms under *G. recurva*, and they may be valid as separate species, but as we can't find a consistent difference that reliably differentiates the species, we chose to synonymize them. The most striking combination is *G. recurva* and *G. planifolia*. The difference between the two species is supposed to be whether the sepals and petals recurve (*G. recurva*) longitudinally or whether they are flat and only curl forward at their apexes (*G. planifolia*). Despite this being an easy identification marker, we see all sorts of either mistakes or an inconsistency which makes us think this may not be as obvious to some as others. Even Pabst (Orch. Brasil. page 241) has examples where both have the reverse presentation. Looking at the column, lip and callus of the species, we see no difference. As these species are within the same geographic areas, it is our thought this is just one variable species and not a case of two to eleven species with minimal differences.

Other species are described as having differences in the spacing of the flowers along the inflorescence, some species possessing very clustered racemes, other species have flowers more distinctly spaced on the raceme. These characteristics, along with all the descriptions of differences in the portions of the measurements of the sepals and petals, are in reality full of lots of intermediate forms for these to be considered valid points to separate species.

***

Encontrada no Paraguai, Argentina e ES, PR, RS, SC, MG, SP e RJ, entre 50 e 1100 metros de altitude, epífita ou rupícola. Apresenta pseudobulbos ovais a oblongos, levemente achatados lateralmente, com duas folhas. A inflorescência é arqueada com até cinquenta flores verdes. As sépalas e pétalas são elípticas ou lanceoladas; as sépalas laterais, variavelmente fundidas. O labelo é simples ou obscuramente trilobado, quase totalmente reflexo na metade do comprimento. O calo é formado por duas lamelas longitudinais que parcialmente abraçam a coluna. A coluna é reta.

Como vemos, há grande quantidade de sinônimos para a *G. recurva* pois não encontramos diferenças consistentes para separar as espécies. As duas espécies mais comuns, *G. recurva* e *G. planifolia*, supostamente diferenciam-se conforme as sépalas e pétalas curvam-se longitudinalmente (*G. recurva*) ou são planas quase até o ápice (*G. planifolia*). Apesar desta característica ser de fácil identificação, há toda sorte de enganos, o que demostra que esta diferença não é tão óbvia. Ambas têm a coluna, labelo e calo iguais. Como compartilham da mesma distribuição, é nossa conclusão que se trata apenas de uma espécie bastante variável, não uma dúzia de espécies distintas por diferenças insignificantes.

Outras diferenças citadas para separar as espécies são: o espaçamento das flores na inflorescência, em algumas bastante aglomeradas, noutras mais espaçadas; e a largura das sépalas e pétalas. Há incontáveis intermediárias de modo que não julgamos estas características confiáveis.

Gomesa recurva

Gomesa recurva

Other species:

The following species are mentioned by Pabst all as being published by Hoffmannsegg in Verz. Orchid.: 51 (1842)., ***Gomesa intermedia*** Hoffmanns, ***Gomesa pauciflora*** Hoffmanns, ***Gomesa pycnantha*** Hoffmsgg, ***Gomesa virescens*** Hoffmanns. We have seen the reference and they are not there. We do not know what they are.

***

As seguintes espécies são mencionadas por Pabst em *Orchidaceae Brasilienses*, todas publicadas por Hoffmannsegg em Verz. Orchid.: 51 (1842).: ***Gomesa intermedia***, ***Gomesa pauciflora***, ***Gomesa pycnantha*** e ***Gomesa virescens***. Conferimos a publicação e não se encontram lá. Não sabemos o que são.

Hardingia

Hardingia paranaensis

Hardingia

Hardingia Docha Neto & Baptista (2011). Type: *Oncidium paranaense* Kraenzl. (1911).

Hardingia has only one species in the genus. The species has been known for years with no morphologically similar other species appearing. Vegetatively, the species appears clearly to be a Brazilian "*Oncidium*". The pseudobulbs have a rugose appearance with blackness on the surface of the pseudobulb between the rugae. When the pseudobulb desiccates there is always a central longitudinal keel that is prominent that forms in the middle of the pseudobulb causing the pseudobulb to be square on cross section. The leaves are flexible and dark green. The arching semi-erect inflorescence is branched with many small non resupinate flowers. These non resupinate flowers are seen in no other group of *Oncidium/Gomesa*. The flowers are thick in substance and all segments reflex back so that the column and lateral lip lobes and callus are the most forward facing surface. The lip midlobe is reflexed back so that it is almost not seen from the front. This species has, to our knowledge, not been tested for phylogenic placement.

***

Hardingia é um gênero com uma só espécie. Vegetativamente lembra muito algumas espécies de *Coppensia*, com pseudobulbos fusiformes, ondulados, apresentando manchas escuras nas ondulações, pouco comprimidos lateralmente, separados por curto rizoma ascendente. Quando maduros os pseudobulbos assumem um formato mais ou menos quadrangulares. As folhas são flexíveis, verde escuro. A inflorescência é arqueada ou ereta, paniculada, com muitas flores pequenas, tombadas, ou que pouco ou não ressupinam, diferentes de quaisquer outras dentre as espécies brasileiras de Oncidiinae. As flores são espessas com todos os segmentos ligeiramente curvados para trás de modo que a coluna, os lobos laterais do labelo, e seu calo, assumem grande projeção. O lobo intermediário do labelo também é curvado de modo que quase não é visto pela frente. Aparentemente esta espécie ainda não passou por testes moleculares de modo a esclarecer seu posicionamento filogenético.

Hardingia paranaensis

Hardingia paranaensis

Hardingia paranaensis

Hardingia paranaensis

Hardingia paranaensis (Kraenzl.) Docha Neto & Baptista, (2011); ****Oncidium paranaense*** Kraenzl. (1911); ***Oncidium hatschbachii*** Schltr. (1926); ***Oncidium schadei*** L.O.Williams, Lilloa 5: 10 (1939); ***Carenidium paranaense*** (Kraenzl.) Baptista (2006); ***Rhinocidium paranaense*** (Kraenzl.) Docha Neto, (2007); ***Gomesa paranaensis*** (Kraenzl.) M.W.Chase & N.H.Williams (2009), *nom. Illeg.*; ***Gomesa paranensoides*** M.W.Chase & N.H.Williams (2009).

Pseudobulbs 3-5 cm long x 1.4-2.5 cm wide
Leaves 12-20 cm long x 2-3 cm wide
Inflorescence 25-40 cm long
Flowers 1.5 cm wide
Sepals 0.2 cm long x 0.1 cm wide
Petals 0.2 cm long x 0.1 cm wide
Lip 1.5 cm long x 1.5 cm wide
Column 0.1 cm long

From PR, SC, RS at 200-800 meters in elevation, growing epiphytically. Pseudobulbs ovate, deeply longitudinally furrowed, leaf 1-2, dark green. Inflorescence erect panicle with up to 100 flowers, flowers often nonresupinate. Flower yellow, sepals and petals red or red-brown bars and blotches, often sparing the margins. Lip with red striations over lateral lip lobes, medial lobe with red band mid length. Sepals and petals ovate, rounded. Lip three lobed, lateral lobes oval medial lobe elongate, and truncate. Callus with a finely irregular surface from the base between the midlobes and also onto midlobe. Medial lobe gently reflexes back at midlength so that the concave lateral sepals are held upward with only the basal medial lip lobe visible from above. Column with showy upward pointing wings and two lateral pointing protuberances below the stigma.

This species has such an unusual flower. Looking at the flower one is reminded of *Lophiaris pumila*. The flower color patterns are same for the two species; the flowers are held the same but vegetatively strikingly different.

***

Encontrada no PR, SC e RS entre 200 e 800 metros de altitude, epífita. A presenta pseudobulbos típicos para o gênero, com até duas folhas. A inflorescência é ereta, paniculada, com até cem flores que não ressupinam, amarelas, de segmentos marcados em marrom avermelhado. As sépalas e pétalas são ovais, arredondadas e o labelo trilobado, com lobos laterais ovais; e intermediário, truncado e alongado. O calo apresenta superfície miudamente irregular. Os segmentos das flores são parcialmente refletidos de modo que a coluna e o calo assumem grande projeção. A coluna tem asas vistosas voltadas para cima e duas protuberâncias laterais na tábula infra-estigmática.

Hardingia paranaensis

As flores desta espécie não se parecem com qualquer outra mas vagamente lembram as da *Lophiaris pumila.* As cores de ambas são as mesmas, as duas são espessas e posicionam-se de forma similar. Vegetativamente nada têm em comum.

Hardingia paranaensis

Nitidocidium

Nitidocidium gracile

Nitidocidium

Nitidocidium F. Barros & V. T. Rodrigues (2010). Type: *Oncidium gracile* Lindl. (1837) = *Nitidocidium gracile* (Lindl.) F. Barros & V. T. Rodrigues (2010).

Nitidocidium is another genus of only one species, which is a species that has trouble fitting in any of the neighboring genera and phylogenically is supported to be its own genus separate from the others. The plants grow in large clumps amid the rupiculous *Hoffmannseggella*, in full-sun on hills and mountains devoid of trees. As the dead leaves don't fall off the pseudobulbs, they appear as messy clumps. The inflorescences are held high above the foliage. The flowers bear a striking resemblance to *Brasilidium concolor* and *B. ottonis*, but they are geographically separated.

***

Nitidocidium, outro gênero com uma só espécie, a qual é difícil de encaixar nos gêneros visinhos, e parece estar isolada filogeneticamente. As plantas crescem em grandes conjuntos, em meio a espécies de *Hoffmannseggella,* sob sol pleno, em montanhas e colinas sem árvores. Como as folhas secas desta espécie permanecem presas à planta, esta assume uma aparência desleixada e pouco saudável. Suas inflorescências são longas, ultrapassam a altura da folhagem circundante, exibindo flores que guardam grande semelhança com as dos *Brasilidium concolor* e *B. ottonis.* *Nitidocidium* está geograficamente separado dos últimos dois e apresenta hábitos muito diferentes.

Nitidocidium gracile

Nitidocidium gracile

Nitidocidium gracile (Lindl.) F. Barros & V. T. Rodrigues (2010); ****Oncidium gracile*** Lindl. (1837); ***Carenidium gracile*** (Lindl.) Baptista (2006); ***Gomesa gracilis*** (Lindl.) M.W.Chase & N.H.Williams (2009).

Pseudobulbs 1.5-2 cm long x 1-1.5 cm wide
Leaves 3-7 cm long x 1-1.5 cm wide
Inflorescence 35 cm long
Flowers 2 cm wide
Sepals 0.7 cm long x 0.3 cm wide
Petals 1.1 cm long x 0.9 cm wide
Lip 1.6 cm long x 1.9 cm wide
Column 6 cm long

Nitidocidium gracile

From BA, at 950-1400 meters in elevation, growing terrestrially. Pseudobulbs ovate, 2 leaves, old leaves remaining attached even when dead. Inflorescence a raceme with up to 3-6 flowers. Flower yellow, sepals and petals red or red-brown, often sparing the margins, callus darker yellow. Sepals elliptic, acute, and petals spatulate. Lip three lobed, lateral lobes long and obscure, medial lobe pandurate, notched at apex. Callus two longitudinal lamella. Column with broad showy wings.

***

Nitidocidium gracile

Encontrado na Bahia, entre 950 e 1400 metors de altitude, terrestre. Apresenta pseudobulbos ovalados, pouco achatados lateralmente, com duas folhas espessas. As folhas antigas permenacem presas à planta mesmo depois de secas. A inflorescência é ereta, racemosa, com até seis flores amarelas, de sépalas elípticas, agudas, e pétalas espatuladas, todas marrom avermelhado, frequentemente com margans amarelas. O labelo tem lobos laterais obscuros ao lado do longo istmo; e intermediário, pandurado, fendido na extremidade. O calo é simples, formado por duas lamelas longitudinais espessas. A coluna tem asas amplas e vistosas.

Nohawilliamsia

Nohawilliamsia pirarensis

Nohawilliamsia

Nohawilliamsia M.W. Chase & Whitten (2009). Type: *Nohawilliamsia pirarensis* (Rchb.f.) M.W.Chase & Whitten (2009) = *Oncidium pirarense* Rchb.f. 846 (1850).

This genus is composed of one species with short round-angled or slightly elliptical pseudobulbs, with longitudinal rugae. There are one to two firm apical leaves, and one to two basal sheathes which also have rudimentary leaves. All the leaves are short and rather stiff. The inflorescence is a rather long raceme arising from the base of the pseudobulb. The flowers are at the apical end of the raceme but are well spaced. The flowers are either yellow or yellow with red-brown or brown on the sepals and petals and a bit of brown on the callus. The sepals and petals are obovate with a basal isthmus. The showy lip is three lobed. The midlip lobe is large with a callus that is an elevated plate with an acute apex or bifurcated apex. The column has lateral wings that are very large compared to the stigmatic opening.

***

Este gênero é formado por uma espécie de pseudobulbos curtos e robustos, arredondados porém levemente angulosos, com algumas rugas longitudinais. Apresenta até duas bainhas foliares basais e também até duas folhas apicais, espessas, rígidas e comparativamente curtas. A inflorescência é bastente longa com poucas flores espaçadas, somente na porção final. As flores são amarelas, com sépalas e pétalas obovadas, marcadas por marrom avermelhado. O labelo é muito vistoso e manifestamente trilobado, com lobo intermediário grande, exibindo um calo elevado com ápice agudo ou bifurcado. A coluna tem asas laterais grandes quando comparadas à abertura estigmática.

Nohawilliamsia pirarensis

Nohawilliamsia pirarensis

Nohawilliamsia pirarensis

Nohawilliamsia pirarensis

Nohawilliamsia pirarensis (Rchb.f.) M.W.Chase & Whitten (2009); ****Oncidium pirarense*** Rchb.f. (1850); ***Oncidium orthostates*** Ridl. (1887); ***Ampliglossum orthostates*** (Ridl.) Campacci (2006); ***Ampliglossum pirarense*** (Rchb.f.) Campacci (2006); ***Coppensia pirarensis*** (Rchb.f.) Campacci (2006); ***Coppensia orthostates*** (Ridl.) Campacci (2006); ***Gomesa pirarensis*** (Rchb.f.) M.W.Chase & N.H.Williams (2009).

Pseudobulbs 4-10 cm long x 1.5-5 cm wide
Leaves 10-20 cm long x 2-5 cm wide
Inflorescence 60 cm long
Flowers 3 cm wide
Sepals 1.4 cm long x 0.6 cm wide, lateral sepals 0.4 cm wide
Petals 1.8 cm long x 0.5-0.6 cm wide
Lip 2.4-2.5 cm long x 2.8-3.1 cm wide
Column 0.7 cm long

From Guyana, Venezuela, and Brazil in RO, RR, GO at 800-1600 meters in elevation, growing epiphytically or perhaps lithophytically. Pseudobulbs ovate with longitudinal furrows with 1-2 leaves. Inflorescence a raceme with up to 15-20 flowers. Flower yellow, callus darker yellow. Sepals obovate and petals oval with a narrow isthmus. Lip three lobed, lateral lobes long, medial lobe reniform, notched at apex. Callus a raised plate with an acute apex. Column short with broad showy wings.

Oncidium pirarense Rchb.f. was originally published in Linnaea 22: 846-847 (1850). Pabst in *Orchidaceae Brasilienses*, p. 195, illustration and species 2041, listed *O. pirarense* and *O. montanum* Barb. Rodr. as synonyms. Comparing the author's original description and plate with the specimens collected in Poços de Caldas, the original habitat of *O. montanum* (here synonymized with *Coppensia barbaceniae*), we noticed a clear congruency so we concluded that *O. montanum* is a completely different species having lamellate callosities as described in original description, contrary to Pabst's citation.

***

Encontrada na Guiana, Venezuela, e em RO, RR e

GO, entre 800 e 1600 metros de altitude, epífita ou rupícola. Apresenta pseudobulbs ovais com ondulações logitudinais e até duas folhas. A inflorescência é racemosa com até vinte flores amarelas, de segmentos manchados de marrom. As sépalas e pétalas são obovadas. O labelo tem lobos laterais longos, ovais; e intermediário reniforme, fendido no ápice. O calo é elevado e agudo; a coluna, curta com asas vistosas.

O *Oncidium pirarense* foi publicado por Reichenbach em 1850. Pabst lista o *O. pirarense* e o *O. montanum* Barb. Rodr. como sinônimos em *Orchidaceae Brasilienses*. Comparando as plantas de Poços de Caldas, o hábitat original do *O. montanum,* aqui considerado um sinônimo da *Coppensia barbaceniae,* com a descrição e ilustração originais, concluímos que o *O. montanum*, com suas calosidades lameladas, conforme descritas pelo autor, é uma espécie completamente diferente do *O. pirarense,* contrário ao que Pabst afirma.

No Brasil é tradicionalmente conhecido como *Oncidium orthostates* devido à uma descrição posterior que, por isto mesmo, não tem prioridade.

Nohawilliamsia pirarensis

Nohawilliamsia pirarensis

Ornithophora

Ornithophora radicans

Ornithophora

Ornithophora Barb.Rodr. (1881). Type: ***Ornithophora quadricolor*** Barb.Rodr. (1881).

Resembling the *Sigmatostalix,* especially *Sigmatostalix graminea*, being a small plant with small flowers and a column that projects forward with the rest of the flower's parts reflexing back. This uni-specific genus has, with DNA data, been confirmed to be indeed separate from *Sigmatostalix*, and firmly imbedded within the *Gomesa* clade.

The small epiphytic plants have generous spacing between pseudobulbs, but frequently branch creating bushy clumps. Each growth has two leaves sheathing the pseudobulb at the base with two to three apical leaves. The leaves and pseudobulb are light yellow-green. The flowers appear like small gnats. The tepals are green with a white lip with a yellow succulent callus and the striking red-maroon column which projects forward. The lip and column are at a 90 degree angle. The pandurate lip has a long isthmus and is bilobed at its apex creating two lobes, each lobe oval with posterior acute appendages.

Genera Orchidacearum has Ornithophora falling out in two widely separated places on the cladogram. One species tested was O. radicans and the other species listed is *Gomesa itamonte.* We are guessing it is × Ornithocidium roczonii they tested as Gomesa itamonte (the 'species' does not appear on the Chase et al. (2008) cladogram). On the cladogram the species *Gomesa itamonte* falls next to *Coppensia spiloptera*, far apart from *Ornithophora radicans*.

***

Trata-se de gênero natural da Mata Atlântica do sudeste e sul do Brasil, cuja única espécie é epífita, de crescimento escandente, e costuma formar grandes touceiras. São plantas de rizoma mais ou menos alongado, bastante radicífero, com raízes aéreas; pseudobulbos espaçados, ovóides, lateralmente comprimidos, guarnecidos por diversas bainhas foliares imbricadas, as internas maiores que as externas, todas menores que as folhas. As folhas, até três por pseudobulbo, são herbáceas, lineares, bastante estreitas, delgadas, de aparência gramínea. A inflorescência brota das baínhas dos pseudobulbos, é ereta, racemosa, com uma dezena de pequeninas flores espaçadas.

As flores têm as sépalas e pétalas verde pálido, levemente translúcido, bem abertas, até reflexas, de tamanho e formato parecidos, alonngadas, pouco espatuladas ou truncadas. O labelo, tem longo unguículo sobre o qual existe um calo arredondado amarelo, em duas camadas, que se prolonga em dentículos brancos menos aparentes presentes no disco, este também branco, pouco reflexo, com formato de escudo. A coluna é longa, destacando-se muito, tanto pela cor vinosa, como por estar em posição perpendicular ao resto dos segmentos, mais espessa na base, delgada na seção mediana, alargando-se em duas pequenas aurículas sobre a cavidade estigmática terminando em grande antera apical.

Semelhante a *Sigmatostalix*, particularmente à *Sigmatostalix graminea*, esta espécie passou por testes de genética molecular e verificou-se sua posição, separada de *Sigmatostalix*, e firmemente inserida no clado *Gomesa*. De fato, podemos reparar que também apresenta certa semelhança, tanto vegetativa como floral, com a *Coppensia ranifera*.

Em Genera Orchidacearum, Ornithophora aparece em duas posições em locais diferentes do cladograma. Uma das espécies testadas foi a O. radicans e a outra, *Gomesa itamonte.* Não temos conhecimento desta espécie, supomos que a espécie que eles testaram como Gomesa itamonte, na realidade seja o × Ornithocidium roczonii. Notamos que esta não aparece no cladograma de Chase et al. em 2008. No cladograma mencionado, *Gomesa itamonte* está ao lado da *Coppensia spiloptera*, longe da *Ornithophora radicans*.

Ornithophora radicans

Ornithophora radicans

Ornithophora radicans (Rchb.f.) Garay & Pabst (1951); ****Sigmatostalix radicans*** Rchb.f. (1864); ***Ornithophora quadricolor*** Barb.Rodr. (1881); ***Gomesa radicans*** (Rchb.f.) M.W.Chase & N.H.Williams (2009).

Pseudobulbs 2.5 cm long x 1 cm wide
Leaves 10-13 cm long x 0.3-0.5 cm wide
Inflorescence 10-12 cm long
Flowers 1 cm wide
Sepals 0.5 cm long x 0.1-0.2 cm wide
Petals 0.5 cm long x 0.1 cm wide
Lip 0.5 cm long x 0.4 cm wide
Column 0.4 cm long

Ornithophora radicans

From RS, SC, PR, SP, RJ, ES, PA, at 400 meters in elevation, growing epiphytically. Pseudobulbs fusiform, climbing along rhizome with 2-3 leaves. Inflorescence semi-upright with up 10 flowers. Flower light green to yellow. Lip cream, column dark purple. Sepals and petals elongate elliptic. Lip shield shaped, oval with two upward and outward horns on lateral edge. Callus four lamella that end mid lip.

***

Ornithophora radicans

Encontrada no RS, SC, PR, SP, RJ, ES e PA, a cerca de 400 metros de altitude, epífita. Apresenta pseudobulbos fusiformes, lateralmente comprimidos, separados por rizoma ascendente com até três folhas longas, finas e estreitas. A inflorescência é ereta, mais curta que as folhas, com até dez flores de sépalas e pétalas verde claro, labelo branco e amarelo, e coluna marrom. As pépalas e pétalas são elípicas, alongadas, e o labelo, em formato de escudo, ou seja, oval com duas extenções paralelas à base. O calo é formado por espessa estrutura lustrosa amarela.

Other species:

× *Ornithocidium roczonii*

× ***Ornithocidium roczonii*** Leinig (1976); ****Oncidium itapetingense*** V.P. Castro & Chiron (2003); ***Carenidium itapetingense*** (V.P. Castro & Chiron) Baptista (2006); ***Gomesa itapetingensis*** (V.P. Castro & Chiron) M.W. Chase & N.H. Williams (2009); ***Ornithophora itapetingensis*** (V.P. Castro & Chiron) F. Barros & V.T. Rodrigues (2010).

We suspect this species is nothing but a natural hybrid between *Ornithophora radicans* and a *Coppensia* species, priorly described by Leinig. However, it might be yet another hybrid of *Ornithophora radicans*, with other species.

Ornithophora radicans

***

Apesar de não tratarmos de híbridos naturais neste volume, excepcionalmente trazemos este pelo fato de há pouco ter sido descrito como espécie nova. De fato é possível que esta espécie seja ainda outro híbrido natural entre a *Ornithophora radicans*, e alguma outra espécie de *Coppensia*, que não o descrito por Leinig, portanto não seja seu sinônimo.

Rodrigueziopsis

Rodrigueziopsis eleutherosepala

Rodrigueziopsis

Rodrigueziopsis Schltr. (1920). Type: ***Rodrigueziopsis eleutherosepala*** (Barb.Rodr.) Schltr. (1920).

These two species are the smallest plants of the *Gomesa* clade with a very-thin long rhizome with a marked distance between pseudobulbs. The pseudobulbs are light green, almost translucent and succulent in appearance. The short leaves are darker light green. Each inflorescence has only a few flowers. The lip is basally parallel with the column, and apically it deflexes gently. The lip is three lobed, the lateral lobes are small, and the midlobe is oval. The callus consists of two callosities on the lip isthmus.

Key to the species:

1. Callus red or pink with no hairs - ***Rodrigueziopsis eleutherosepala***
1. Callus yellow with orange hairs - ***Rodrigueziopsis microphyton***

***

Rodrigueziopsis é representado por apenas duas espécies naturais da Serra do Mar, epífitas, de crescimento escandente, minúsculas, porém que formam grandes touceiras e apresentam flores pequenas, mas grandes quando comparadas ao tamanho da planta. São espécies de rizoma alongado, bastante radicífero, com finas raízes aéreas; pseudobulbos muito espaçados, bifoliados, ovóides, lateralmente comprimidos, guarnecidos por diversas bainhas foliares imbricadas, menores que as folhas, as internas maiores que as externas. As folhas são herbáceas, lineares, bastante estreitas, delgadas, de aparência gramínea. A inflorescência é arqueada, racemosa, com poucas flores espaçadas, em regra pálidas, alvas, esverdeadas ou levemente róseas. As pétalas e sépalas são espatuladas, a sépala dorsal levemente tombada sobre a coluna, as pétalas maiores que as sépalas, esta pouco côncava. O labelo tem na base duas altas e longas carenas laterais, com face interior pubescente perto da base, que se ligam e soldam às margens inferiores da coluna; é trilobado, com lobos laterais muito menores que o mediano. Coluna é curta, larga e espessa com duas pequenas aurículas de extremidades acuminadas e oblíquas que se prolongam quase até por sob a grande antera apical.

Chave de identificação das espécies:
1. Calo avermelhado sem pelos - ***Rodrigueziopsis eleutherosepala***
1. Calo amarelo e pubescente - ***Rodrigueziopsis microphyton***

Rodrigueziopsis eleutherosepala

Rodrigueziopsis eleutherosepala

Rodrigueziopsis eleutherosepala (Barb.Rodr.) Schltr., (1920); ****Rodriguezia eleutherosepala*** Barb.Rodr. (1881); ***Gomesa eleutherosepala*** (Barb.Rodr.) M.W.Chase & N.H.Williams (2009).

Pseudobulbs 0.5-0.7 cm long x 0.3 cm wide
Leaves 0.3-0.4 cm long x 0.2 cm wide
Inflorescence 3 cm or more long
Flowers 1 cm wide
Sepals 0.6 cm long x 0.3 cm wide
Petals 0.7 cm long x 0.3 cm wide
Lip 1.2 cm long x 0.7 cm wide
Column 0.4 cm long

Rodrigueziopsis eleutherosepala

From PR, SC at 600 meters in elevation, growing epiphytically. Pseudobulbs at long distances along rhizome, pseudobulbs oval with 2 leaves. Inflorescence raceme with up to 5 flowers. Flower light green. Lip white with red spots. Sepals spatulate and petals elongate. Lip three lobed, lateral lobes small narrow, midlobe oval notched. Callus two simple lamella. Column without wings.

***

Rodrigueziopsis eleutherosepala

Encontrada no PR e SC, a cerca de 600 metros de altitude, epífita. Apresenta pseudobulbos ovais, lateralmente comprimidos, bifoliados, bastante separados por longo e delicado rizoma. A inflorescência é racemosa, com até cinco flores verde claro, de labelo branco, com pintas róseas no calo. As flores abrem-se em curta sucessão. Suas sépalas são espatuladas, as pétalas, alongadas. O labelo tem pequenos lobos laterais estreitos que se levantam ao lado da coluna; e lobo intermediário oval, fendido no ápice. O calo é composto por duas lamelas simples. A coluna não tem asas.

Rodrigueziopsis microphyton

Rodrigueziopsis microphyton (Barb.Rodr.) Schltr. (1920); **Rodriguezia microphyta* Barb.Rodr. (1881); ***Gomesa microphyta*** (Barb.Rodr.) M.W.Chase & N.H.Williams (2009).

Rodrigueziopsis microphyton

Pseudobulbs 1-1.5 cm long x 0.3-0.6 cm wide
Leaves 2.5-5 cm long x 0.3-0.6 cm wide
Inflorescence 4-7 cm or more long
Flowers 1 cm wide
Sepals 0.6 cm long x 0.4 cm wide
Petals 0.7 cm long x 0.4 cm wide
Lip 1.2 cm long x 0.7 cm wide
Column 0.4 cm long

Rodrigueziopsis microphyton

From RJ, SP at 800-1800 meters in elevation, growing epiphytically. Pseudobulbs at long distances along rhizome, pseudobulbs oval with 2 leaves. Inflorescence raceme with up to 3 flowers. Flower light yellow or yellow-green, callus orange with red hairs. Sepals ovate and petals elongate. Lip three lobed, lateral lobes triangular, midlobe oval notched. Callus two simple lamella basally, becoming two medial and two apical low hairy protuberances. Column straight without wings.

***

Encontrada no RJ e em SP, entre 800 e 1800 metros de altitude, epífita. Apresenta pseudobulbos ovais, lateralmente comprimidos, bifoliados, extremamente separados por longo e delicado rizoma. A inflorescência é racemosa, com até três flores verde claro, que se abrem em curta sucessão, e têm labelo branco, e calo amarelado com pelos avermelhados. Suas sépalas são espatuladas, as pétalas, ovaladas. O labelo tem lobos laterais obscuramente triangulares, e lobo intermediário oval, fendido no ápice. O calo é composto por duas lamelas simples na base que gradualmente tornam-se pubescentes na parte interna, e completamente à partir da porção intermediária. A coluna é reta, sem asas.

Rodrigueziopsis microphyton

Brasilidium crispum

Bibliography

This list does not include the citations to the type descriptions we used in this volume. Those citations (they would fill a book) are all available online on several websites.

***

Esta lista não inclui as publicações das descrições originais das espécies incluídas neste volume, as quais, por si só, encheriam um livro. Elas podem ser encontradas com facilidade na internet.

Ames, Oakes, and Donovan Stewart Correll. 1952. *Orchids of Guatemala*. Fieldiana: Botany 26(1). Chicago, Illinois: Field Museum of Natural History.

Ames, Oakes, and Donovan Stewart Correll. 1985. *Orchids of Guatemala and Belize*. New York: Dover Publications.

Baker, Charles and Margaret Baker. 2006. *Orchid Species Culture: Oncidium/Odontoglossum Alliance*. Portland, Oregon, USA: Timber Press.

Barbosa Rodrigues, J. 1877. *Genera et Species Orchidearum Novarum* 1. Rio de Janeiro, Brazil: Fleiuss.

Barbosa Rodrigues, J. 1881. *Genera et Species Orchidearum Novarum* 2. Rio de Janeiro, Brazil: Fleiuss.

Barros, F. de, Vinhos, F., Rodrigues, V. T., Barberena, F. F. V. A., Fraga, C.N. 2010. *Lista de Espécies da Flora do Brasil*. Vol 1. 1344-1425. Rio de Janeiro : Andrea Jakobsson Estúdio: Instituto de Pesquisas Jardim Botânico do Rio de Janeiro.

Bechtel, H., P. Cribb, & E. Launert. 1986. *The Manual of Cultivated Orchid Species*. Cambridge, Mass.: The MIT Press.

Bennett, D. E. Jr., and E. A. Christenson. 1995-. *Icones Orchidacearum Peruviarum*. Sarasota, Florida: A. Pastorelli de Bennett.

Braem, G. J., C. Baker, and M. Baker. 1998. The Genus *Psychopsis*. *Orchids* 67(6): 606-619.

Cameron, Kenneth M., et al. 1999. A phylogenetic analysis of the Orchidaceae: evidence from *rbcL* nucleotide sequences. *American Journal of Botany*. (86): p.208-224.

Carnevali, Germán, and Ivón M. Ramírez-Morillo, in Steyermark, J. A., P. E. Berry, K. Yatskievych, and B. K. Holst. 2003. *Flora of the Venezuelan Guayana,* Vol. 7. St. Louis, Missouri, USA: Missouri Botanic Garden.

Castro Neto, V. P , and M. A. Campacci. 2000. In: V.P. Castro Neto, *Icones Orchidacearum Brasilienses*. São Paulo, Brasil: Castro Neto.

Castro Neto, V. P. and K. G. Lacerda. 2006. In: V.P. Castro Neto, *Icones Orchidacearum Brasilienses II*. São Paulo, Brazil: Castro Neto.

Chase, M. W., L. Hanson, V. A. Albert, W. M. Whitten, and N. H. Williams. 2005. Life history, evolution and genome size in Subtribe Oncidiinae (Orchidaceae). *Ann. Bot*. 95:191–199.

Chase, M. W., N. H. Williams, and W. M. Whitten. 2009. *Oncidiinae nomenclature*. *Orchids* 78: 228 – 238.

Chase, M. W. 2009, A new name for the single species of *Nohawilliamsia* and corrections in *Gomesa. Phytotaxa* 1: 57 – 59.

Chase, M. W., N. H. Williams, Aparacida Donisete de Faria, Kurt M. Neubig, Maria C. E Amaral, and W. M. Whitten. 2009. *Floral convergence in Oncidiinae* (Cymbidieae; Orchidaceae): an expanded concept of *Gomesa* and a new genus *Nohawilliamsia. Annals of Botany 104: 387–402.*

Chase, M. W., N. H. Williams, K. M. Neubig, and W. M. Whitten. 2008. *Taxonomic transfers in Oncidiinae to accord with Genera Orchidaceum, Vol.5. Orchids* 77: 20 – 31.

Chiron, G. 2008, *Baptistonia*, Barbosa Rodrigues, taxonomic notes 2. *Richardiana* 8: 111-127.

Chiron, G., and V. P. Castro Neto. 2004. Rétablissement du genre *Baptistonia* Barbosa Rodrigues. *Richardiana* 4:109–120.

Chiron, G., and V. P. Castro Neto. 2005. Révision du genre *Baptistonia* - 1. *Richardiana* 5:113–128.

Chiron, G., and V. P. Castro Neto. 2005. Révision du genre *Baptistonia* - 2. *Richardiana* 5:169–193.

Chiron, G., and V. P. Castro Neto. 2006. Révision du genre *Baptistonia* - 4. *Richardiana* 6:1–30.

Chiron, G., and V. P. Castro Neto. 2006. Revision of the genus *Baptistonia* (Orchidaceae) 3. The '*Baptistonia brieniana*' complex. *Selbyana* 27: 34–43.

Cogniaux, A. 1893-1896. Orchidaceae. In: C.F.P. von Martius; A.W. Eichler & I. Urban (eds.). *Flora brasiliensis* 3(4): 1652. Munchen, Wien, Leipzig: Fleischer.

Cogniaux, A. 1898-1902. Orchidaceae. In: C.F.P. von Martius; A.W. Eichler & I. Urban (eds.). *Flora brasiliensis* 3(5): 1642. Munchen, Wien, Leipzig: Fleischer.

Cogniaux, A. 1904-1906. Orchidaceae. In: C.F.P. von Martius; A.W. Eichler & I. Urban (eds.). *Flora brasiliensis* 3(6): 1-588. Munchen, Wien, Leipzig: Fleischer.

Docha Neto, Americo, D. H. Baptista, M. A. Campacii. 2006. *Coletânea de Orquídeas Brasilieras Novos Gêneros*. São Paulo, Brasil; Brasil Orquideas.

Dodson, Calaway H. & R. Escobar R. 1993. *Native Ecuadorian Orchids, Vol. 1.* Medellín, Colombia: Hola Colina Ltda.

Dodson, Calaway H. 2000-2004. *Native Ecuadorian Orchids,* Vol. 2-5. Sarasota, Fl.: Dodson Trust.

Dodson, Calaway H. & C. Luer. 2005. *Flora of Ecuador.* Saint Louis, Mo.: Missouri Botanical Garden.

Dodson, Calaway H., and David E. Bennett, Jr. 1989. *Icones Plantarum Tropicarum, Orchids of Peru,* Series II, Fascicle 1. St. Louis, Missouri: Missouri Botanical Garden.

Dodson, Calaway H., and Piedad Marmol de Dodson.1989. *Icones Plantarum Tropicarum, Orchids of Ecuador,* Series 11, Fascicle 5. St. Louis, Missouri: Missouri Botanical Garden.

Dodson, Calaway H., and R. Vásquez Ch.1989. *Icones Plantarum Tropicarum, Orchids of Bolivia*, Series 2, Fascicle 3 and 4. St. Louis, Missouri: Missouri Botanical Garden.

Dressler, Robert L.1993. *Field Guide to the Orchids of Costa Rica and Panama.* Ithaca and London: Comstock.

Dressler, Robert L.1993. *Phylogeny and classification of the Orchid Family.* Portland, Oregon: Dioscorides Press.

Dunsterville, G. C. K. and Leslie A. Garay. 1959-1976. *Venezuelan Orchids Illustrated*, 6 vols. London: Andre Deutsch.

Dunsterville, G. C. K. and Leslie A. Garay. 1979. *Orchids of Venezuela, an Illustrated Field Guide*. 3 vols. Cambridge, Massachusetts: Botanical Museum of Harvard University.

Escobar R., Rodrigo. 1994-1998. *Native Colombian Orchids*. Vol. 1-6. Medellín, Colombia: Compañía Litografica Nacional S. A.

Fernandes da Silva, M. F., J. B. Fernandes da Silva. 2010. *Orquídeas Nativas da Amazônia Brasileira*. Belém, Pará: Museu Paraense Emílio Goeldi.

Fernández, Cezar. [sd] 2003. *Orquídeas natives del Táchira*. Venezuela: Loteria del Táchira.

Freitas Luz, Francisco J. 2001. *Orquídeas na Amazônia.*. Boa Vista, Roraima, Brasil: Instituto Brasileiro de Cultura, Ed. On Line.

Govaerts, R.; M.A. Campacci (Brazil, 2005), D. Holland Baptista (Brazil, 2005), P.Cribb (K, 2003), Alex George (K, 2003), K.Kreuz (2004, Europe), J.Wood (K, 2003, Europe) (Novembro 2008). *World Checklist of Monocotyledons*. The Board of Trustees of the Royal Botanic Gardens, Kew. Published on the Internet.

Hoehne, F. C. 2009, *Iconografia de Orchidaceas do Brasil*, reprint of 1949. São Paulo, Brasil: Instituto de Botânica.

Johnson, Andrés E. 2001. *Las Orquídeas del Parque Nacional Iguazú*. Buenos Aires, Argentina: Fundacion Vida Silvestre Argentina. Ed. L.O.L.A. - Literature of Latin America.

Königer, Willibald. 2004, *Oncidium, A monograph,* Vol. l. Munchen, Germany: Königer.

Lecoufle, Marcel. 1994. The Genus *Psychopsis*. *Orchid Review* 102 (1200): 299-303.

Miller, David, Richard Warren, Izabel Moura Miller & Helmut Seehawer. 2006. *Serra dos Órgãos sua história e suas orquídeas*. Rio de Janeiro, Brazil: Miller.

Miranda, F. 1996. *Orquídeas Nativas da Amazônia Brasileira*. Rio de Janeiro, Brazil: Ed. Expressão e Cultura.

Pabst, G. F. and F. Dungs. 1977. *Orchidaceae Brasilienses—II*. Hildesheim. Germany: Brücke-Verlag Kurt Schmersow.

Pridgeon, Alec M., P. J. Cribb, M. W. Chase, F. N. Rasmussen. 1999. *Genera Orchidacearum.* Vol.1. Oxford, England: Oxford University Press.

Pridgeon, Alec M., P. J. Cribb, Mark W. Chase, Finn N. Rasmussen. 2009. *Genera Orchidacearum* Vol 5. *Epidendroideae (Part II).* New York, NY, USA : Oxford University Press.

Rodrigues, J.B. 1877. *Genera et species orchidacearum novarum*. Rio Janeiro: C.H. Fleiuss.

Rodrigues, J.B. 1882. *Genera et species orchidacearum novarum*. Rio Janeiro: C.H. Fleiuss.

Schweinfurth, Charles. 1959. *Orchids of Peru*. Chicago, Illinois: Chicago Natural History Museum.

Stearn, William T. 1995. *Botanical Latin*. Portland, Oregon: Timber Press.

Toscano de Brito, A. & Cribb, P.. 2005. *Orquídeas da Chapada Diamantina.* Rio de Janeiro: Ed. Nova Fronteira.

Vásquez, Roberto C., and Calaway H. Dodson. 1982. *Icones Plantarum Tropicarum*, Ser. 1, Fascicle 6. Sarasota, Florida: Marie Selby Botanical Gardens.

Williams, Louis O., and Paul H. Allen. 1980. *Orchids of Panama*. St. Louis, Missouri: Missouri Botanical Garden.

Gomesa handroi

Photographers

We wish to credit the photographers who kindly consented to allow us use their photographs in this volume. These are the authors and the photos contributed by each. The list is organized by page number, followed by the order they appear on the page, top to bottom. When all photos on the page were taken by the same person, only the page number is given.

***

Algumas fotografias deste livro foram-nos gentilmente cedidas pelos fotógrafos. As fotos que não aparecem na lista são dos autores. A lista está organizada por número da página e ordem das fotos. Quando todas as fotografias da página foram tiradas pela mesma pessoa, aparecerá somente o número da página.

Dario Melgar Goméz - DMG
Idalécio Santos - IS
John Varigos - JV
Libor Jankowsky - LJ
Lourens Grobler - LG
Luiz Filipe Varella - LFV
Márcia Morimoto - MM
Marcos Antonio Campacci - MAC
Maria Rita Cabral - MRC
Rafael Robles - RR
Ricardo Fernández - RF
Tennis Maynard - TM
Vitorino Paiva Castro Neto - VPC

Front Cover - MM	53.3 - JV	94.2.3 - MRC	147.2.3. - MM	190.1 - MAC
4 to 27 - MM	54 - RR	95.1 - MRC	148.1.3 - MM	191 - MM
31 - RF	63.1.3 - MM	99.2 - MRC	149.1 - MM	192 to 194 - LFV
33 to 34 - TM	69.1.2 - MM	101 - MRC	150.1.2 - MM	197 - LFV
37 - Cogniaux	70.1 - MM	103 - MM	152.2 - MM	198 - MM
43 - MM	71.2 .3- DMG	110.3 - MM	157.3 - MAC	200.2 - LFV
44 - RF	72.1.2 - DMG	111-2-3 - MM	158.1.2 - MAC	203 - MRC
47.1 - RF	77.3 - MM	114.2 - MM	168 - MAC	204 - IS
47.2.3 - LJ	78.1 - VPC	115.2 - MRC	170 - Hoehne	207 - MRC
48.1.2 - LJ	78.2 - MRC	118 - MAC	173 - MM	208 to 224- MM
49 - RR	79 to 80 - MM	119.1 - MAC	175.2.3 - MAC	
50 to 52 - RF	88.1 - MRC	120.1 - MM	176.1 - MAC	
53.1 - RF	91.3 - MM	123 - LFV	187 - MM	
53.2 - LG	92 - MAC	129 to 133 - MM	188 - PAH	

Coppensia warmingii

Authors

A chance meeting on the internet approximately around the year 2000 has lead to a working friendship between these three authors. Trying to solve identification problems among Brazilian orchids has lead to the idea for this series.

Dalton Holland Baptista, from Piracicaba, São Paulo, Brazil, has cultivated orchids since 1976. He has published many articles in orchid magazines in Brazil and the United States. He contributes regularly to Boletim da Coordenadoria das Associações Orquidófilas (CAOB Bulletin) of Brazil and has written articles in both Orchids and Orchid Digest. He has worked to revise the list of Brazilian orchids within the on-line data base of the Royal Botanic Garden, Kew. Since 2002, he has been a judge of orchid expositions, and since 2008, Dalton has been the technical director of CAOB (Coordenadoria of the Orquidófilas Associations of Brazil). Dalton is also a taxonomist for the American Orchid Society and the Orchid Conservation Coalition.

Patricia Ann Harding, from Lebanon, Oregon, USA, has cultivated orchids since 1976 also. She got her start in orchid Taxonomy working with Carl Withner on *The Debatable Epidendrum* book in 2004 and did her own book on the *Huntleya* clade in 2008. She also has written articles in various magazines worldwide, and is chair of the Species Identification Task Force for the American Orchid Society, trying to get the correct names on orchid species awarded through the American Orchid Society system. She also is an AOS judge and lecturer on various orchid topics.

Americo Docha Neto currently resides in Poços de Caldas, MG, Brazil. He has been working with orchids since 1955. From 2000-2002, he was the Technical Director Technician of the Círculo de Orquidófilos de Poços de Caldas. In 2005, in partnership with Dalton, he established the Orchidstudium Project, promoting the knowledge of orchid species, particularly Brazilian species. He has published several articles concerning aspects of the Oncidiinae sub-tribe in Boletim da Coordenadoria das Associações Orquidófilas do Brasil, Orchid Digest, Orchids, Selbyana, and Coletânea de Orquídeas Brasileiras.

***

Um encontro casual na internet, devido ao seu interesse comum, por volta do ano 2000, fez surgir uma proveitosa parceria de trabalho. A tentativa de resolver dúvidas frequentes sobre espécies brasileirasdeu orígem à ideia desta série.

Dalton Holland Baptista cultiva orquídeas desde 1976. Mora atualmente em Piracicaba, SP. Publicou artigos na revista Brasil Orquídeas, Boletim da Coordenadoria das Associações Orquidófilas do Brasil, e Orchids. Contribuiu para a revisão das orquídeas brasileiras do banco de dados on-line do Royal Botanic Garden, Kew. Desde 2002, é juiz de exposições de orquídeas. Desde 2008 é responsável pela área técnica da CAOB, Coordenadoria das Associações Orquidófilas do Brasil. É taxonomista da American Orchid Society e da Orchid Conservation Coalition.

Patricia Ann Harding, mora em Lebanon, Oregon, USA. Cultiva orquídeas também desde 1976. Iniciou sua carreira de taxonomista trabalhando com Carl Withner no livro *The Debatable Epidendrum* em 2004 e escreveu seu próprio livro sobre o clado *Huntleya* em 2008. Tem publicado artigos em várias revistas em muitos países, e é responsável pela *Species Identification Task Force* da *American Orchid Society*, a qual encontra os nomes corretos da espécies de orquídeas premiadas pelo sistema da AOS. É também juíza da AOS e palestrante em diversos tópicos sobre orquídeas.

Americo Docha Neto atualmente reside em Poços de Caldas, MG, Brasil. Dedica-se às orquídeas desde 1955. Entre 2000 e 2002 ocupou o cargo de Diretor Técnico do Círculo de Orquidófilos de Poços de Caldas e em 2005, em parceria com Dalton, fundou o Projeto Orchidstudium cuja finalidade é divulgar e propagar o conhecimento das orquídeas, especialmente as brasileiras. Publicou diversos artigos, abarcando sobretudo parte da sub-tribo Oncidiinae, no Boletim da Coordenadoria das Associações Orquidófilas do Brasil, Orchid Digest, Orchids - The Magazine of American Orchid Society, Selbyana e Coletânea de Orquídeas Brasileiras.

Index

O. gracile = *Nitidocidium gracile*
O. gracillimum = *Alatiglossum cogniauxianum*
O. gravesianum = *Brasilidium crispum*
O. gutfreundianum = *Baptistonia cruciata*
O. haematochrysum = *Coppensia flexuosa*
O. haematoxanthum = *Coppensia flexuosa*
O. hassleri = *Alatiglossum uniflorum*
O. hatschbachii = *Hardingia paranaensis*
O. hecatanthum = *Baptistonia cornigera*
O. herzogii = *Alatiglossum herzogii*
O. hintonii 142
O. hoehneanum = *Alatiglossum cogniauxianum*
O. hookeri = *Coppensia ranifera*
O. hookeri f. a*lbescens* = *Coppensia ranifera*
O. hookeri var. *albescens* = *Coppensia ranifera*
O. hrubyanum = *Baptistonia pubes*
O. hydrophilum = *Coppensia hydrophila*
O. hydrophilum f. *immaculatum* = *Coppensia hydrophila*
O. hydrophilum var. *immaculatum* = *Coppensia hydrophila*
O. imperatoris-maximiliani = *Brasilidium crispum*
O. insigne = *Coppensia insigne*
O. isopterum = *Coppensia isoptera*
O. itapetingense = ×*Ornithocidium roczonii*
O. janeirense = *Alatiglossum uniflorum*
O. johnianum = *Alatiglossum barbatum*
O. kautskyi = *Baptistonia kautskyi*
O. larkinianum = *Brasilidium gardneri*
O. leinigii = *Baptistonia brieniana*
O. lietzei = *Baptistonia pubes*
O. lietzei var. *aureomaculatum* = *Baptistonia pubes*
O. lietzei var. *bicolor* = *Baptistonia pubes*
O. limminghei = *Psychopsiella limminghei*
O. loefgrenii = *Coppensia ranifera*
O. longicornu = *Coppensia longicornu*
O. longicornu var. *gautieri* = *Coppensia longicornu*
O. longicornu var. *grossmannii* = *Coppensia longicornu*
O. longipes = *Alatiglossum uniflorum*
O. longipes var. *croesus* = *Alatiglossum croesus*
O. longipes var. *monophyllum* = *Alatiglossum uniflorum*
O. macronyx = *Coppensia longicornu*
O. macropetalum = *Alatiglossum macropetalum*
O. macropetalum var. *chrysopterum* = *Alatiglossum chrysopteranthum*
O. macropetalum var. *fuscopetalum* = *Alatiglossum macropetalum*
O. macropetalum var. *micranthum* = *Alatiglossum macropetalum*
O. maculatum var. *donianum* = *O. hintonii*
O. maculosum = *Coppensia bifolia*
O. majevskyi = *Coppensia flexuosa*
O. mandonii = *Coppensia ramosa*
O. mantinii = *Brasilidium pectorale*
O. marshallianum = *Brasilidium pectorale*
O. marshallianum var. *rossendale* = *Brasilidium pectorale*
O. martianum = *Coppensia varicosa*
O. martianum var. *bicolor* = *Coppensia bifolia*
O. mazzinii = *Baptistonia nitida*
O. megalopterum. = *Coppensia flexuosa*
O. mellifluum = *Coppensia ranifera*
O. microglossum = *Alatiglossum barbatum*
O. micropogon = *Alatiglossum micropogon*
O. micropogon var. *bahiense* = *Alatiglossum barbatum*
O. micropogon var. *chrysopterum* = *Alatiglossum chrysopteranthum*
O. micropogon = *Alatiglossum micropgon*
O. mixtum = *Coppensia doniana*
O. monoceras = *Coppensia longicornu*
O. monophyllum = *Alatiglossum uniflorum*
O. montanum = *Coppensia barbaceniae*
O. nitidum = *Baptistonia nitida*
O. normanii = *Brasilidium concolor*
O. odontochilum = *Baptistonia widgrenii*
O. ornithocephaloides= *Campaccia venusta*
O. orthostates = *Nohawilliamsia pirarensis*
O. ottonis = *Brasilidium ottonis*
O. ouricanense = *Coppensia ouricanensis*
O. oxyacanthosmum = *Alatiglossum uniflorum*
O. pabstii = *Baptistonia riograndensis*
O. paranaense = *Hardingia paranaensis*
O. paranapiacabense = *Coppensia ramosa*
O. pardoglossum = *Brasilidium crispum*
O. pectorale = *Brasilidium pectorale*
O. pectorale var. *caloglossum* = *Brasilidium gardneri*
O. pectorale var. *larkinianum* = *Brasilidium gardneri*
O. phantasmaticum = *Baptistonia pubes*
O. pinellianum = *Coppensia ramosa*
O. pirarense = *Nohawilliamsia pirarensis*
O. pollettianum = *Brasilidium gardneri*